U0244200

国家社会科学基金项目（22BTJ047）
嘉兴学院统计学科
嘉兴新经济统计研究中心
长三角生态绿色一体化研究创新团队项目
联合资助

中国陆地生态系统核算方法与应用研究

汪劲松 ◎ 著

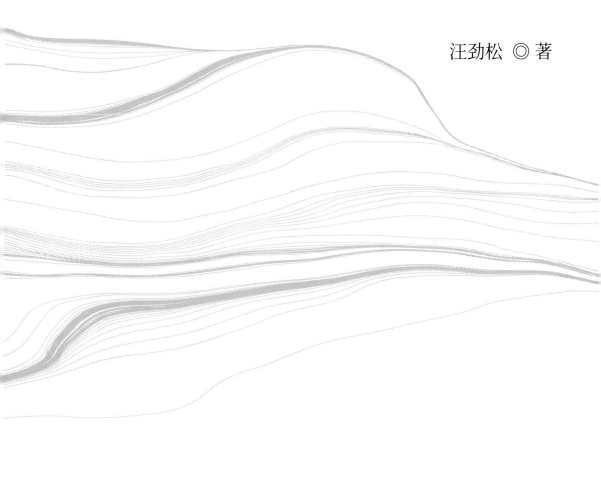

中国财经出版传媒集团

经济科学出版社

Economic Science Press

图书在版编目（CIP）数据

中国陆地生态系统核算方法与应用研究／汪劲松著．
－－北京：经济科学出版社，2023.6
ISBN 978 – 7 – 5218 – 4729 – 1

Ⅰ．①中…　Ⅱ．①汪…　Ⅲ．①陆地－生态系－统计核
算－研究　Ⅳ．①Q147

中国国家版本馆 CIP 数据核字（2023）第 070856 号

责任编辑：张　燕
责任校对：齐　杰
责任印制：张佳裕

中国陆地生态系统核算方法与应用研究

汪劲松　著

经济科学出版社出版、发行　新华书店经销

社址：北京市海淀区阜成路甲 28 号　邮编：100142

总编部电话：010 – 88191217　发行部电话：010 – 88191522

网址：www. esp. com. cn

电子邮箱：esp@ esp. com. cn

天猫网店：经济科学出版社旗舰店

网址：http：//jjkxcbs. tmall. com

固安华明印业有限公司印装

710 × 1000　16 开　13.75 印张　240000 字

2023 年 7 月第 1 版　2023 年 7 月第 1 次印刷

ISBN 978 – 7 – 5218 – 4729 – 1　定价：76.00 元

（图书出现印装问题，本社负责调换。电话：010 – 88191545）

（版权所有　侵权必究　打击盗版　举报热线：010 – 88191661

QQ：2242791300　营销中心电话：010 – 88191537

电子邮箱：dbts@ esp. com. cn）

前　　言

2021 年 3 月，联合国统计委员会通过了具有里程碑意义的全新核算框架——《环境经济核算体系：生态系统核算》（*System of Environmental-Economic Accounting：Ecosystem Accounting*，SEEA EA），明确将自然资本纳入经济报告中。尽管众多学者认为，经济上常用的国内生产总值（GDP）指标可以很好地衡量市场上交换的商品和服务价值，但它并不能反映出经济对自然的依赖，也不能反映其对自然的影响，例如水质的恶化或森林的损失。在过去 50 年里，全球经济增长了近 5 倍，但同时自然资源和能源的开采也增加了 3 倍。① 自然资源的滥用，已经造成全球性的气候危机、环境污染以及物种灭绝等恶劣后果。新核算框架的推出可以让更多国家意识到生态系统的重要性，并通过对自然资本的估算，突出自然在人类发展中的贡献，重塑人类与自然的关系。目前，已有超过 34 个国家正在试验性地编制生态系统核算账户。中国作为联合国"自然资本核算与生态系统服务估价"项目成员国之一，在贵州省开展了试点工作，但目前试点内容仍聚焦于具有中国特色的自然资源资产负债表编制，仅从单项资源着手，缺乏对生态系统整体的研究，同其他国家的生态系统核算内容有较大差异，还需要从生态系统整体入手进行研究，以便同其他国家的研究成果相比较。

因此，本书尝试从生态系统核算的基本概念、基本核算原则、

---

① 资料来源：联合国环境规划署的报告《与自然和平相处》。

基本原理、核算范围、核算内容、核算框架，以及生态系统估价方法的探讨出发，构建了包括五个核心陆地生态系统核算账户和一个陆地生态系统专题核算账户在内的中国陆地生态系统核算账户体系。五个核心陆地生态系统核算账户分别是陆地生态系统范围账户、陆地生态系统状况账户、陆地生态系统服务实物量核算账户（实物量形式的生态系统服务供给和使用账户）、陆地生态系统服务价值量核算账户（价值量形式的生态系统服务供给和使用账户）以及陆地生态系统资产价值量核算账户。一个陆地生态系统专题核算账户为森林生态系统资产负债表。这五个核心账户的内在联系为：（1）生态系统范围账户和生态系统状况账户主要用来描述生态系统的特征，而生态系统的特征又会影响生态系统服务的供应，因而这两类账户又与实物量形式的生态系统服务账户相联系；（2）通过对生态系统服务的估价，能够将实物量形式的生态系统服务核算账户转化为价值量形式的生态系统服务核算账户；（3）通过对未来生态系统服务流的贴现，可以估算生态系统资产价值，编制生态系统资产价值量核算账户。

基于上述陆地生态系统核算体系，本书编制了中国陆地生态系统核算账户，主要包括1980~2020年中国陆地生态系统范围账户、1999~2019年中国陆地生态系统状况账户、2020年中国陆地生态系统服务供给账户、2020年中国陆地生态系统服务使用账户以及2020年中国陆地生态系统资产账户。结果显示，1980~2020年，聚落生态系统范围的增长幅度最大，增长80.86%，增加12.04万平方千米；其他生态系统（裸土地和裸岩砾石地）增长23.02%，增加14.24万平方千米；农田生态系统、森林生态系统、水域和湿地生态系统、荒漠生态系统的面积略有增长；草地生态系统的面积有较大幅度的下降，降低11.12%，减少33.89万平方千米。具体来看，1980~2010年聚落生态系统的面积虽然逐年增加，但并没有发生实质性的变化，但是2010年以后，聚落生态系统的范围快速扩大，2010~2020年增加了6.94万平方千米，相较于2010年的聚落生态系统总面积，增长35.17%；约有一半农田转化成了聚落生态系统，同时其他类型的土地又转化成了农田；所有陆地生态系统类型中，只有草地生态系统的面积在 40 年间是减少的，且减少的面积大部分（58.45%）转化成了荒漠和其他生态系统（主要是裸土地和裸岩石质地），草地的退化情况较为严重。

2020 年中国陆地生态系统年产生态系统服务价值为 426415.58 亿元，相当于 2020 年 GDP 的 42.27%。农田生态系统年产生态系统服务价值为 28851.98 亿元，森林生态系统年产生态系统服务价值为 159877.15 亿元，草地生态系统年产生态系统服务价值为 115968.19 亿元，水域和湿地生态系统年产生态系统服务价值为 116019.29 亿元，荒漠生态系统年产生态系统服务价值为 5153.82 亿元，其他生态系统年产生态系统服务价值为 545.15 亿元。综合来看，森林生态系统年产生态系统服务价值最高，其次是水域和湿地生态系统与草地生态系统。分类别来看，中国陆地生态系统产生的水文调节服务价值最高，为 142578.70 亿元；其次是气候调节服务，价值为 84788.88 亿元；再次是土壤保持服务，价值为 40975.79 亿元。分省份来看，西藏（59785.53 亿元）和内蒙古（48181.93 亿元）产生的生态系统服务总价值最大。从生态系统服务的供给和使用情况上看，我国东南地区和西北地区存在明显的差异，东南地区的需求大于供给，而西北地区的供给大于需求。

2020 年中国陆地生态系统资产的总价值为 3535.90 万亿元，其中农田生态系统资产价值为 261.06 万亿元，森林生态系统资产价值为 1314.38 万亿元，草地生态系统资产价值为 957.13 万亿元，水域和湿地生态系统资产价值为 956.70 万亿元，荒漠生态系统资产价值为 42.27 万亿元，其他生态系统资产价值为 4.36 万亿元。分省份来看，生态系统资产总价值最高的五个省份依次为西藏（496.47 万亿元）、内蒙古（400.33 万亿元）、黑龙江（284.14 万亿元）、新疆（281.94 万亿元）和青海（275.70 万亿元）。

本书的创新之处在于：首先，根据陆地生态系统服务的供给和使用情况，构造了三层递进式生态系统服务分类体系，以便能够更好地将陆地生态系统服务核算数据纳入核算账户中；其次，基于中国的实际情况，探索性地设置了中国陆地生态系统专题核算账户、生态系统资产负债表，并以森林生态系统为例展开研究；再次，根据我国的国情及数据基础，基于中国陆地生态系统资产分类方法和生态系统服务分类方法，借鉴 SEEA EA 的生态系统核算框架，构建了中国陆地生态系统核算账户体系；最后，根据构建的中国陆地生态系统核算账户体系，实际编制了中国陆地生态系统核算账户。通过上述理论研究和实践探索，以期为中国的生态系统核算试点工作提供参考。

本书的出版得到国家社会科学基金项目（22BTJ047）、嘉兴学院统计学科、嘉兴新经济统计研究中心、长三角生态绿色一体化研究创新团队项目联合资助，特此致谢！

汪劲松
2023 年 6 月

目　录

第一章　绪　　论

第一节　研究背景与研究意义

一、研究背景

生态系统对于人类福祉和经济社会发展来说至关重要。生态系统直接或间接地为人类提供了各种惠益，为人类追求物质满足和精神满足提供了各式各样的物质产品和服务。同时，生态系统在经济社会发展过程中也扮演着重要角色，它是经济社会发展的基石，经济发展不能以破坏生态为代价，生态本身就是经济，保护生态就是发展生产力。回顾人类发展史上的第一次工业革命，虽然劳动生产率得到大幅提高，全球经济也走向了前所未有的繁荣，但经济繁荣的同时凸显出的却是一系列环境污染问题。早期的工业革命使得部分发达国家只是一味追求生产效率，而忽略了环境的承载力，对自然资源大规模、高强度、无休止的盲目开采导致生态系统的破坏和退化。随着工业革命的深入发展，各国经济迎来大发展的同时也伴随着生态问题的日趋严峻，部分国家逐渐意识到环境问题的严重性，决策者们也开始着手相关法案的颁布和环境污染的治理。从《联合国气候变化框架公约》到《京都议定书》再到《巴黎协定》，充分体现出了世界各国对生态环境问题的日益重视。中国作为发展中国家，早在 1978 年就首次明确规定了国家保护和管理环境的职能。2002 年，《中华人民共和国环境影响评价法》的出台进一步强化了环境治理制度。据民政部门统计，中国目前有非政府环保组织 3000 多家，有力推动了中国环保事业的进一步发展。党的十八大将推进生态文明建设作为战略决策，并从 10 个方面绘出了我国生态文明建设的宏伟蓝图。2015 年 5 月，《中共中央　国务院关于加快推进生态文明建设的意见》发布，同年 10 月，党的十八届五中全会首度将加强生态文明建设写入国家五年规划。党的十九大报告更是为未来中国的生态文明建设和绿色发展指明了方向、规划了路线，这表明我国的生态文明建设和绿色发展迎来了新的战略机遇。推进生态文明建设和绿色发展，关键在于必须树立和践行"绿水青山就是金山银山"的理念。要实现"绿水青山就是金山银山"，就必须推动绿色产品和生态服务的资产化，让绿色产品和生态产品成为生产力，使生态优势转化成经济优势。

如何实现生态环境与经济协调发展，落实各国的生态保护政策？各国学者积极尝试了众多基于不同学科、不同方法、不同视角的学术研究。科斯坦萨等（Costanza et al.，2014）认为，各国兴起的生态环境保护运动在某种程度上对生态破坏和生态退化具有一定的遏制性。但基于全球视角，仍然有约60%的生态系统存在不同程度的退化（MA，2005），生态保护工作任重而道远。欧阳志云等（2013）认为，缺乏对生态系统价值的科学认识才是导致生态系统退化和生物多样性丧失的重要原因，而导致各国生态保护工作推进缓慢的深层次原因便是决策者们并未充分认识生态系统对经济社会发展所起到的基础性支撑作用。鉴于此，部分学者尝试基于不同研究视角来评估生态系统在经济发展过程中所产生的价值，以及生态系统退化对人类福祉所造成的影响，旨在提高人类社会对生态系统重要性的认识，并以此来推进各国在生态保护方面的各项工作（李涛等，2016；曾杰等，2014；肖强等，2014；胡喜生等，2013；吴霜等，2014）。学者们的研究取得了丰硕成果，并初步建立起了生态系统价值评估理论框架，为推动生态系统价值评估奠定了坚实基础。但是较为单一的估价结果并不能体现出人类生产活动背后的生态系统过程和生态系统价值，这样便无法引起决策者们充分认识到生态系统在经济社会发展中所起到的决定性作用，更是无法为将生态系统保护目标整合到经济社会发展中提供决策依据（Marre et al.，2016）。

若要引起决策者们对生态系统重要性的认识，并将生态环境保护纳入经济发展决策中来，就需要核算出一份与国民经济发展相关的数据作为依据。国民账户体系（system of national accounts，SNA）能够全面记录经济体内发生的复杂经济活动，可以为经济发展和政府决策提供参考依据。为了更加全面、更加细致地揭示生态系统在人类福祉和经济社会发展中所作出的贡献，部分学者提出应该尝试对生态系统进行核算，将生态系统服务和生态系统资产的实物量与价值量信息纳入国民经济核算体系中来，以满足生态环境与经济社会协调发展的战略构想。2014年，联合国（United Nations，UN）、欧盟委员会（European Commission，EC）、联合国粮农组织（Food and Agriculture Organization of the United Nations，FAO）等国际组织发布了《2012 环境经济核算体系——实验性生态系统核算》（System of Environmental-Economic Accounting 2012：Experimental Ecosystem Accounting，SEEA2012：EEA），意图建立一个实验性的生态系统核算框架，以描述生态系统的变化，并将这些变化与经济和其他人类活动联系起来。欧盟委员会同时号召其成员国到 2020 年之前，将国土范围内的生态系统资产和生态系统服务价值融入各自的核算和报告体系，以满足相关的分析和决策需求。

目前，国际上对生态系统核算的研究已初具规模。至少有 30 多个国家的统计部门和环境机构正在或者已经对本国生态系统进行了实验性的编制（Hein et al.，2020）。2021 年 3 月，联合国统计委员会在其第 52 届会议上通过了《环境经济核算体系——生态系统核算》（System of Environmental-Economic Accounting：Ecosystem Accounting，SEEA EA），用于指导各成员国组织关于生态系统的生物物理信息，测度生态系统服务，跟踪生态系统范围和条件的变化，评估生态系统服务和资产的价值，并将这些信息与经济和人类活动的衡量指标联系起来。核算的重点是使自然对经济和人类的贡献可见，并更好地记录经济和其他人类活动对环境的影响。

综观国内，学术界关于生态系统核算的研究成果相对匮乏，且仅有的成果多数都是基于生态系统价值评估的角度，主要内容基本停留在生态系统服务分类、生态系统服务估价方法及应用实践方面，鲜有从统计学角度对生态系统核算的基本问题、核算框架、账户设计等关键内容进行研究。

二、研究意义

（一）理论意义

（1）有助于完善中国环境经济核算体系。环境经济核算体系能够将经济和环境信息纳入一个共同的分析框架，以衡量环境状况、环境对经济的贡献以及经济对环境的影响。目前，联合国颁布了 3 个环境经济核算准则，而 SEEA EA 就是其中之一。目前，我国的环境经济核算体系尚不涉及对生态系统资产和生态系统服务的核算，本书构建了中国陆地生态系统核算体系，是对中国环境经济核算体系的完善。

（2）有助于促进统计学、生态学、经济学以及地理信息科学交叉融合。

陆地生态系统核算涉及对陆地生态系统资产和陆地生态系统服务的核算，其中，陆地生态系统资产实物量核算主要包括对陆地生态系统范围和陆地生态系统状况的核算。界定陆地生态系统范围并描述陆地生态系统状况、计算陆地生态系统服务实物流量需要生态学的相关知识；计算陆地生态系统资产和服务的价值量需要经济学的知识；运用空间数据并将陆地生态系统核算信息以地图的形式展示出来需要地理信息科学的知识，将这些信息整合到一个分析框架中需要应用统计学的知识。开展陆地生态系统核算研究能够促进统计学、生态学、经济学以及地理信息科学的交叉融合。

（二）现实意义

（1）陆地生态系统核算结果能够为政府决策提供依据，有助于相关部门制定更好的环境保护政策和资源开发决策。没有完善的基础数据作为支撑，政府部门就无法制定出科学的政策，做出合理的决策。人类社会的发展是一个组合资产日益积累和管理体制日趋健全的过程，不仅包括制造资本、人力资本和社会资本，还包括自然资本。陆地生态系统核算能够通过对陆地生态系统存量和流量信息的全面记录，将环境数据和经济信息进行整合，来体现陆地生态系统在经济社会生产中的重要性，这些信息有助于政府部门制定出更为科学的决策，从而最大限度地增进人民福祉。

（2）陆地生态系统服务价值核算结果能够为生态产品交易和生态补偿提供依据，有利于管理部门构建科学的定价机制。生态产品价值实现是深入践行"两山"理论、推进生态文明建设、实现人与自然和谐共生的重要途径，然而，目前对生态产品价值的度量仍是阻碍生态产品价值实现的关键瓶颈。立足于生态系统服务同生态产品之间的关联，本书采用的陆地生态系统服务价值核算方法能够解决生态产品的度量难题，可以为生态产品交易和生态补偿决策提供科学参考，进而为"绿水青山"向"金山银山"的转化提供定价依据。

第二节　研究现状与研究评价

一、生态系统服务的内涵

生态系统服务是由生态系统资产产生的（Bateman et al.，2010；Barbier，

2007），生态系统核算的主要目的就是在保持与国民经济核算一致的前提下，核算生态系统服务（Edens and Hein，2013）。自科斯坦萨等（Costanza et al.，1997）在《自然》（*Nature*）杂志上发表了一篇估算生态系统服务价值的论文之后，大量文献对生态系统服务的内涵进行了探讨，但学者们的观点并不完全一致。争论主要围绕生态系统服务的本质，即生态系统服务是生态系统过程、生态系统过程和利益之间的传导机制、生态系统最终产品还是生态系统产生的利益。

（1）生态系统服务的过程观。基于自然科学视角，戴利（Daily，1997）认为，生态系统服务是生态系统状况和生态系统过程，该过程可以维持自然生态系统及其物种，并能够满足人类需求。在戴利看来，生态系统的调节功能以及直接从生态系统过程中获得的无形利益都是生态系统服务的组成部分。生态系统服务除了能够维持生物多样性，产生生态系统产品，还具有净化、循环和更新等维持生命的功能。当然，一些无形的利益例如美学利益和文化利益也包含在生态系统服务的范围内。因此，戴利对生态系统服务的界定既包含了生态系统在自我维持方面的影响，又包含了生态系统对人类的有利影响。德格鲁特等（De Groot et al.，2002）也持有相似观点，同时认为生态系统服务是可观测到的生态系统功能，而生态系统功能则是自然过程及其组成部分直接或间接提供满足人类需求产品和服务的能力。如果将生态系统功能看作生态系统本质，生态系统服务就是其表象。因此，生态系统功能的表现形式就是生态系统服务。

（2）生态系统服务的利益观。相比过程观强调生态系统服务的过程，生态系统服务利益观更加强调生态系统服务的结果。持有这种观点的学者认为，生态系统服务是人类从生态系统获得的各种利益，不仅包括直接利益，也包括间接利益（Costanza et al.，1997；MA，2003；Wallace，2007）。正因如此，千年生态系统评估（MA，2003）将生态系统服务分为供给服务、调节服务、文化服务和支持服务，同时强调，供给服务、调节服务和文化服务可以直接影响人类，而支持服务是前三种服务的基础。千年生态系统评估的定义得到了许多学者的认可，但却在指导生态系统核算上显得力不从心，原因在于它混淆了获得生态系统服务的途径以及生态系统服务本身（Wallace，2007），从而会导致重复计算问题（Fisher et al.，2008）。调节服务中有部分项目是获得供给服务和文化服务的途径。如果我们分别计算这三项服务的价值，就会导致重复计算的问题。其实，科斯坦萨等曾提到过类似的看法，认为要将可能引起重复计算的产品区分开来，但遗憾的是没有提出克服该问题的方法。

（3）生态系统服务的传导机制观。费希尔等（Fisher et al.，2008）认为，生态系统服务是生态系统用来增加人类福祉的各个方面，是一种生态现象。生态系统服务包括生态系统结构、生态系统过程和生态系统流量，可以被人类直接或间接地消耗或利用。因此，生态系统服务也可以被视作一种传导机制，通过该机制，可以将生态系统利益传递给人类社会。人们从生态系统中获得的利益，既来自中间服务，也来自最终服务（Fisher and Turner，2008）。虽然费希尔等对生态系统服务的定义较为广泛，但他们认识到了区分直接消耗和间接消耗对生态系统核算的重要性，因此区分了生态系统的中间服务和最终服务，并指出在生态系统服务核算中，只核算最终生态系统服务的思想。最终生态系统服务是生态系统功能链的最后一项，是生产产品的投入，同时也是自然环境对人类福祉最直接的影响因素，被视为所享有的自然"收入"（Bateman et al.，2010）。SEEA EA 也持有同样的观点，认为生态系统服务是生态系统对经济和其他人类活动中所使用的利益的贡献。除此之外，该观点还强调生态系统利益是通过生态系统服务和其他资本投入结合产生的，能够对人类福利产生直接影响。因此，生态系统服务并不等于生态系统利益。该观点下生态系统中间服务、最终服务和利益的关系如图 1.1 所示。

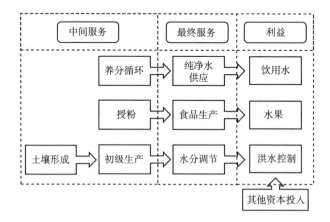

图 1.1 生态系统服务传导观中间服务、最终服务与利益的关系

资料来源：石薇、汪劲松和史龙梅（2017）。

（4）生态系统服务的最终服务观。最终服务观的产生主要是出于对生态系统服务核算中重复计算问题的考虑。早在 2006 年，海因等（Hein et al.，2006）就意识到了现有核算方法中存在重复计算问题，并提出了在价值核算中何时应包含调节服务的原则。博伊德和班茨哈夫（Boyd and Banzhaf，2007）参照 SNA 总产出和增加值的概念，认为生态系统服务等同于最终生态系统服务，是为了增加人类福祉而被直接享有、消耗或使用的自然的组成部分。生态系统功能和过程是生态系统组成部分之间生物的、物理的、化学的相互作用，不是最终产品，而是用来产生最终生态系统服务的中间消耗。

海恩斯 – 杨和波特斯基（Haines-Young and Potschin，2012）、伊登斯和海因（Edens and Hein，2013）、联合国等（UN et al.，2014）也持有类似观点。伊登斯和海因认为，在生态系统核算的背景下，生态系统服务是生态系统对生产活动（如供应木材）或消费活动（如享受生态系统提供的娱乐机会）的贡献；在供给服务中（如木材供应），生态系统的贡献被认为是生产过程的投入（如伐木需要劳动力和生产资产的投入）。因此，生态系统服务是与生态系统直接联系的流量或结果，并且对于许多生态系统而言，这个流量是生态过程与人类对生态系统的改变相结合的结果。

（5）研究述评。综上所述，学者们对生态系统服务有着不同的理解，如表 1.1 所示。但毫无疑问的是，生态系统服务是以人类为中心的，它将生态系统和人类福祉联系起来（Fisher et al.，2008；MA，2003；Zhang and Stenger，2015）。可能最大的争议在于，生态系统服务是生态系统的过程、生态系统利益还是得到利益的途径[①]，反映在表 1.1 中是生态系统服务是否能够作为对产品的投入。这种歧义导致了各种各样的估值问题和挑战，并且由于在定义和评估最终生态系统服务方面缺乏统一的认识，也导致了不一致的估值结果。若我们认为生态系统服务是得到利益的途径，就有可能既估计了生态系统中间服务的价值，又估计了那些生态系统最终服务的价值，从而导致对生态系统整体价值的高估（Bateman et al.，2010）。因此，费希尔等（2002）才提出在核算中只核算最终生态系统服务的思想。毫无疑问，对生态系统最终服务的考虑是一个巨大的进步，它提供了一种避免重复计算问题的思路，并简化了对生态系统服务的经济估价问题。

　　[①]　在本书所列示的四种观点中，我们将生态系统的传导机制观和最终服务观归为得到利益的途径一类。

表 1.1   研究文献及相应生态系统服务观

研究文献	生态系统服务本质	是否区分中间和最终服务	是否作为投入	是否等同利益	流量形式	是否以人类为中心	其他特点
Daily（1997）	过程	否	否	否	两种	是	—
De Groot et al.（2002）	过程	否	否	否	两种	是	生态系统功能表象
Costanza et al.（1997）	利益	否	否	是	两种	是	—
MA（2005）	利益	否	否	是	两种	是	—
Wallace（2007）	利益	否	否	是	两种	是	—
Fisher et al.（2002）	传导机制	是	是	否	两种	是	只核算最终服务产生的利益
Bateman et al.（2010）	传导机制	是	是	否	两种	是	由生态资产产生
Boyd and Banzhaf（2007）	最终生态系统服务	是	是	否	第二种	是	仅包括最终服务
Haines-Young and Potschin（2012）	最终生态系统服务	是	是	否	第二种	是	仅包括最终服务
Edens and Hein（2013）	最终生态系统服务	是	是	否	第二种	是	仅包括最终服务
UN et al.（2014）	最终生态系统服务	是	是	否	第二种	是	仅包括最终服务

资料来源：笔者整理。

　　传导机制观和最终生态系统服务观都提出了区分生态系统中间服务和最终服务的思想，区别在于最终生态系统服务观认为只有最终服务才是生态系统服务。

二、生态系统服务分类方法

　　不同的生态系统服务概念体现了研究者对生态系统服务的不同认识。但试图通过概念来精准地识别并评估生态系统服务仍是相当困难的（Haines-Young and Potschin，2010）。因此，学者们试图通过构建生态系统服务的分类体系，以作为对其概念的补充。对生态系统服务分类体系的构建一方面源自学者们对生态系统服务概念的理解，另一方面源自生态系统服务的研究目标。

（1）基于生态系统服务功能的分类方法。起初，对生态系统服务的主要研究目标仅仅是识别并描述生态系统对人类福祉的贡献，由此产生了基于生态系统服务功能的分类方法。该方法主要从供给的角度探讨生态系统服务的分类方法，将具有相似生态系统功能的生态系统服务分为一组。例如，科斯坦萨（1997）将生态系统服务分为大气调节、水调节、养分循环等 17 项；德格鲁特等（2002）将生态系统服务分为生产、调节、信息及栖息地 4 大类 23 小类；千年生态系统评估将生态系统服务分为供给服务、调节服务、文化服务和支持服务 4 大类 20 小类，其中，供给服务、调节服务和文化服务直接作用于人类福祉，而支持服务作为其他三类服务产生的基础间接作用于人类福祉。千年生态系统评估的分类方法在学术界得到了广泛的认可，并为开展生态系统服务的理论和应用研究提供了坚实的基础。虽然"功能分类法"能够对生态系统的功能进行较为全面的概括，但该分类方法由于混淆了"目的"（服务）和"手段"（过程）而受到质疑，并且在价值评估和实践应用方面存在诸多局限。例如，调节服务是生态系统的过程或功能，如果将生态系统服务的价值进行加总，就容易造成生态系统服务价值的重复计算（Wallace，2007）。为了克服该问题，博伊德和班茨哈夫（Boyd and Banzhaf，2007）以及费希尔和特纳（Fisher and Turner，2008）提出了一些生态系统服务的分类原则，但未提出一个明确的生态系统服务分类体系。生态系统和生物多样性经济学（the economics of ecosystems and biodiversity，TEEB）采纳了德格鲁特分类体系中的栖息地服务，排除了千年生态系统评估分类中的支持服务（TEEB，2010）。然而，由于栖息地服务也具有一定的支持功能，采用该框架仍难以进行精确计量。

（2）生态系统服务的级联模型。费希尔等（2008）指出，没有一种分类方案能够满足生态系统服务研究的多种应用背景，应在实践中建立"适合于目的"的生态系统服务定义和分类。海恩斯－杨和波特斯基提出了生态系统级联的概念模型（ecosystem service cascades，ESC），以级联（cascades）方式系统地梳理了从服务到收益的链式形成过程，从而建立起从生态系统到人类福祉的关联。

为了能够将生态系统服务纳入国民经济核算体系，支持 SEEA 的研发，欧洲环境署发布了国际通用的生态系统服务分类体系（common international classification of ecosystem services，CICES）（Haines-Young and Potschin，2010；Haines-Young and Potschin，2012；Haines-Young and Potschin，2018；Notte et al.，2017），以对生态系统服务进行测度、核算和估价。

CICES 从生物和非生物两个角度识别了最终生态系统服务，并建立了一个 5 层的层级结构来对它们进行描述，从高层次到低层次分别为"域"（section）、"门"（division）、"群"（group）、"类"（class）、"类型"（class type）（刘宝发和邹照菊，2021）。生态系统服务随着层次的降低越来越趋向具体，并且较低层次的服务可以根据研究目的的不同而有所变动，从而有助于核算不同空间尺度下的生态系统服务或进行不同主题的具体应用。具体来看，"域"（section）部分引用了千年生态系统评估的分类，分为供给服务、调节与维持服务、文化服务 3 类。例如，生态系统对谷物等栽培作物的贡献来说，"域"（section）部分为供应，"门"（division）部分为生物量，"群"（group）部分为用于营养、材料或能源的栽培陆生植物，"类"（class）部分为用于营养目的的栽培陆生植物（包括真菌、藻类），"类型"（class type）部分为谷物，对培育性陆生作物生长的生态贡献，这些作物可以被收割并用作生产食物的原料。

与千年生态系统评估的分类体系相比，CICES 更关注生态系统服务及生态系统过程之间的区别，将生态系统服务定义为生态系统对人类福祉的贡献，并对两组重要概念进行了区分：（1）生态系统服务应该是生态系统的最终服务，而支助服务则被视为生态系统的基本结构、过程和功能的一部分，只是被间接地消费或使用，并可能同时带动许多最终产出；（2）生态系统的贡献并不等同于人们在后续阶段所获得的商品和利益。在生态系统核算的背景下，生态系统服务就是生态系统对生产活动（如供应木材）或消费活动（如享受生态系统提供的娱乐机会）的贡献。例如，在木材供应中，生态系统的贡献被认为是对木材生产过程的投入（此外，伐木还需要劳动力和生产资产的投入）。生态系统服务可以与其他投入（如劳动力、资本等）相结合，产生商品和利益。商品和利益能够对人类福利产生直接影响。其中，商品被认为是比利益更为有形的东西，如加工过的木材等；如果生态系统的"输出"没那么有形的话，则常常被简单地描述为利益，如钓鱼所得到的利益，需要最终生态系统服务（如水和鱼群），以及普通产品和服务（如鱼竿、船、鱼饵等）的结合才能产生。

CICES 针对生物和非生物分别建立了供给服务、调节与维持服务、文化服务三大类（"section"部分），以表征生态系统中物质和能量使用、人类生存环境调节以及非物质的精神享受与象征意义。CICES 中前两个层次的分类如表 1.2 所示。

表 1.2 CICES 中前两个层次的分类

域	门
供应	生物量
	水
	生物资源中的所有遗传物质
	其他从生物资源中得来的供给服务类型
调节和维持	对生态系统生物化学或物理输入的转化
	调节物理、化学、生物状况
	其他调节和维持服务类型
文化	与生物系统进行直接的、原地的和室外的互动，这些互动取决于在环境中的存在
	与生物系统的间接的、远程的，通常是室内的互动，不需要在环境中出现
	具有文化意义的生物系统的其他特征

资料来源：Haines-Young and Potschin（2010，2012，2018）。

在 CICES 的基础上，一些国家尝试探索本国的生态系统服务分类方法体系。莫诺宁等（Mononen et al.，2016）从芬兰重要的生态系统服务选择入手，结合 CICES 和已有分类体系，研发了一套包含 28 项生态系统服务（10 项供给服务、12 项调节和维护服务、6 项文化服务）的指标体系，并为级联模型的每个阶段制定了一套 4 项指标，共计 112 项指标。艾伯特等（Albert et al.，2016）从自然保护政策的角度介绍了指标的使用要求，特别是需要辨别生态系统服务的需求和供应，包括其潜力、实际和未来的使用，以及对生态系统服务产生的自然贡献和人类投入。

然而，生态系统对人类福祉的影响远比上述分类来得更为复杂。生态系统功能和服务之间，服务和效益之间并非是一一对应的。并且，一种给定的生态系统组成部分在某种情况下可能是最终生态系统服务，而在另一种情况下并非是最终生态系统服务。

（3）基于需求的分类方法。生态系统服务研究的根本出发点是人类福祉，生态系统管理的重要目标是实现生态系统服务与人类福祉的协同发展。因此，仅从供给角度研究生态系统服务的分类是不全面的。随后，人类的需求逐渐被认识，并提出了一系列基于人类需求的分类方法体系。张彪等

（2010）从人类需求与生态系统服务的关系出发，考虑到人类需求的层次——"物质—生态安全—景观"，构建了一套包括3类12项的生态系统服务分类体系。

对于每一个最终生态系统服务（final ecosystem goods and services，FEGS），它产生的利益（如娱乐、预防等）也被确定，这些FEGS可以与MA（2005）、海恩斯－杨和波特斯基（2010，2012，2018）等建立的CICES相结合。

（4）基于供需的生态系统服务分类方法。基于供需的生态系统服务分类方法建立在生态系统服务最终服务观的基础上，认为生态系统服务就是最终生态系统服务，因此对生态系统服务进行分类的关键点主要在于两个方面：一是识别最终生态系统服务（供应）；二是对最终生态系统服务进行分类。美国环境保护局（Environmental Protection Agency，EPA）基于最终生态系统服务的思想，构建了两个分类体系：一个是最终生态系统产品和服务分类体系（final ecosystem goods and services classification system，FEGSCS）；另一个是国家生态系统服务分类体系（national ecosystem services classification system，NESCS），以对生态系统服务进行标准化（Landers and Nahlik，2013；EPA，2015）。

FEGSCS体系建立的第一步就是最终生态系统服务的识别，如图1.2所示。有生态环境投入的产品的产生能用两类生产函数来描述：一是生态生产函数；二是经济生产函数。也就是说，生态投入以及人类资本投入和劳动力投入共同产生了产品。生态生产函数能够体现中间生态系统服务对FEGS的作用，而人类获得的许多常见效益（以总经济价值衡量）通常要等到有了一些重要的劳动力和资本投入时才能实现。当确定了FEGS的受益者，就可以确定与受益者相关的FEGS。因此，FEGS代表了那些不需要人类的劳动或资本投入而主要由环境产生的商品和服务。

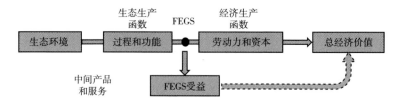

图1.2　包含生态环境投入的生产过程

资料来源：Landers and Nahlik（2013）。

　　第二步是建立分类系统。FEGSCS 用于描述和说明由特定环境提供的、与特定受益人有关的每一组 FEGS，其组织结构如图 1.3 所示。该结构是由两个独立的层次组成的，一个与环境相关，另一个与受益人相关。每个层次都包括两个级别（即环境类和亚类，受益人组和亚组），用一个小数点来区分分类中的两位数环境部分和四位数受益人部分，如图 1.3 所示。环境（亚）类在小数点的左边表示，受益人（亚）组在右边表示。这样一来，每个受益人和相关的一组 FEGS 都由一个独特的六位数来定义。目前，在FEGSCS 中共有 338 套独特的 FEGS 定义。

 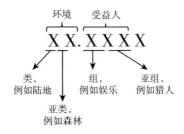

图 1.3　FEGS 的分类结构

资料来源：Landers and Nahlik（2013）。

　　目前 FEGSCS 中共有 3 种环境类和 15 个环境亚类，如表 1.3 所示。有10 个受益人组和 38 个受益人亚组，如表 1.4 所示。例如，在环境层面，水是生态系统提供给经济社会的一项最终生态系统服务。该服务可以来自河流和溪流（亚类 11），也可以来自湿地（亚类 12）。而在受益人层面，水既可以作为维持农作物生长的重要因素（XX. 0101 灌溉者），也可以供生产（XX. 0203）和生活（XX. 0301）使用。每一项不同的组合，都对应不同的FEGS。

表 1.3　　　　　　　　　　　　　环境类和亚类

环境类		亚类	
1	水生	11	河流和溪流
		12	湿地
		13	湖泊和池塘
		14	河口及附近海岸和海洋
		15	公海和海洋
		16	地下水

续表

环境类		亚类	
2	陆地	21	森林
		22	农业生态系统
		23	创建的绿地开放空间（城市）
		24	草地
		25	灌木丛林地或灌木地
		26	贫瘠/岩石和沙地
		27	苔原
		28	冰地和雪地
3	大气	31	大气层

资料来源：Landers and Nahlik（2013）。

表 1.4   受益人组和亚组

组		亚组
XX.01	农业	XX.0101 灌溉者，XX.0102CAFO 经营者，XX.0103 牲畜放牧者；XX.0104 农业加工者；XX.0105 水产养殖业者；XX.0106 农民；XX.0107 林业工作者
XX.02	工业或商业	XX.0201 食物获取者；XX.0202 木材、纤维、观赏植物获取者；XX.0203 工业加工者；XX.0204 工业排污者；XX.0205 发电机和其他能源生产者；XX.0206 资源依赖型企业；XX.0207 药品和食品补充剂供应商；XX.0208 毛皮/兽皮捕猎者
XX.03	政府、市政和居民	XX.0301 市政饮用水厂经营者；XX.0202 污水处理厂经营者；XX.0303 居民财产所有者；XX.0404 军事/海岸警卫队
XX.04	运输业	XX.0401 货物运输者；XX.0402 客运员
XX.05	生存	XX.0501 靠水维生的人；XX.0502 靠食物维生的人；XX.0503 靠木材、纤维、毛皮维生的人；XX.0504 靠建筑材料维生的人
XX.06	娱乐	XX.0601 体验者和观众；XX.0602 食物采摘者和收集者；XX.0603 狩猎者；XX.0604 垂钓者；XX.0605 游泳者；XX.0606 划船者
XX.07	精神	XX.0701 宗教仪式的参与者和庆祝活动的参与者；XX.0702 艺术家
XX.08	学习	XX.0801 教育工作者和学生；XX.0802 研究者
XX.09	非使用	XX.0901 关心存在（价值）的人；XX.0902 关心选择（价值）、遗产（价值）的人
XX.10	人文	XX.1001 所有人

资料来源：Landers and Nahlik（2013）。

最终，美国环境保护局罗列出了 21 种最终生态系统服务类别，如表 1.5 所示。FEGS 类别并不代表 FEGS，每组 FEGS 都有具体的环境提供者和受益者。并且，即使 FEGS 的类型相同，每个 FEGS 的生物物理测量单位也可能不同。

表 1.5　　　　　　　　　　　　　　　FEGS 类别

序号	类别	序号	类别	序号	类别
01	水	08	景观	15	菌类
02	植物群	09	声音和气味	16	基质
03	环境的存在	10	鱼	17	土地
04	动物群	11	土壤	18	空气
05	纤维	12	授粉者	19	气候
06	天然材料	13	掠夺者和（害虫）捕食者	20	风
07	开放空间	14	木材	21	大气现象

资料来源：Landers and Nahlik（2013）。

美国环境保护局构建的第二个分类体系是国家生态系统服务分类系统（NESCS），它有助于分析政策引起的生态系统变化对人类福利的影响，并支持不同类型的"边际"分析，例如成本效益分析。在 NESCS 中也采用了最终生态系统服务的概念，确定并区分了服务的生产者（即供应方）和使用者（即需求方）。供应方是指提供生态系统服务的自然系统，而需求方则是指直接使用或欣赏这些服务的人类系统。人类系统既包括直接利用自然产出生产经济商品和服务的市场部门生产者，也包括直接利用或欣赏自然产出"生产"人类福利的非市场部门——家庭。它们还可以包括直接利用自然产出生产公共产品和服务的公共部门实体。

为了唯一识别并对最终生态系统服务流（flow of final ecosystem services，FFES）进行分类，NESCS 由四个分类构成，分别是环境类别、生态最终产品类别、人类直接使用（提取或原地享有）或欣赏的最终产品类别、最终产品的直接人类用户类别。前两组属于"生产"FFES 的自然系统，可以将其理解为基于供给侧的分类（NESCS – S）。后两组属于欣赏或直接使用 FFES 的人类系统，可以将其理解为基于需求侧分类（NESCS – D）。四组类别（或子类别）的每个独特组合都定义了一个独特的 FFES 类别，都代表了将生态系统的变化与人类福利的变化联系起来的独特的潜在途径。

（5）其他的分类方法。还有学者基于不同的研究视角，对生态系统服务进行分类。科斯坦萨（2008）针对生态系统服务的空间流动性，将生态系统服务分为5类，分别是全球非邻近性、当地邻近性、定向流动性、原位不动性和用户位置变动性。其中，全球非邻近性是指生态系统服务并不能分配到具体位置，而是可以发生于任何位置；当地邻近性是指生态系统服务主要取决于生态系统与受益者的空间距离；定向流动性是指生态系统服务从生产地到使用地的流动；原位不动性是指生态系统服务的产生和使用都在同一个位置；用户位置变动性是指生态系统服务产生取决于使用者是否到达特定地点。此外，科斯坦萨还根据排他性和竞争性对生态系统服务进行分类，分为排他性及竞争性、非排他性及竞争性、排他性及非竞争性，以及非排他性及非竞争性。刘洋等（2019）基于流域水环境问题及管理需求，构建了一套包含3个大类9个小类的适用于流域水环境管理的分类体系。吴舒尧和李双成（2018）基于生态系统服务的传递媒介，构建了基于水、岩石和土壤、大气、生物和生态系统整体的生态系统服务分类方法。李琰等（2013）根据终端生态系统服务所产生收益与不同层次人类福祉的关联，将生态系统服务划分为福祉构建、福祉维护和福祉提升3大服务类别。

除基于供需的生态系统分类方法外，剩余的主要生态系统服务分类方法具体如表1.6所示。

表1.6   **已有生态系统服务分类方法**

分类来源	分类着眼点	分类方法	
		类	亚类
Costanza (1997)	生态系统功能	大气调节、气候调节、干扰调节、水调节、水供应、防止（控制）侵蚀、土壤形成、养分循环、废物处理、传粉、生物控制、提供避难所、食物生产、原材料、基因库、娱乐（休闲）、文化	
De Groot (2002)	生态系统功能	调节功能	
		栖息地功能	
		生产功能	
		信息功能	
Wallace (2007)	人类需求	充足的资源	
		捕食者/疾病/寄生虫保护	
		友好的自然和化学环境	
		社会文化成就	

分类来源	分类着眼点	分类方法	
		类	亚类
MA（2005）	生态系统功能	供给服务	粮食、淡水、薪柴、纤维、生物化学物质、遗传资源
		调节服务	气候调节、疾病控制、调节水资源、净化水源
		文化服务	精神与宗教、旅游消遣、美学、激励、教育、地方感、文化遗产
		支持服务	土壤形成、养分循环、初级生产
Haines-Young and Potschin（2018）	生态系统功能	供应	生物量、水、生物资源中的所有遗传物质；其他从生物资源中得来的供给服务类型
		调节和维持	对生态系统生物化学或物理输入的转化；调节物理、化学、生物状况；其他调节和维持服务类型
		文化	与生物系统进行直接的、原地的和室外的互动，这些互动取决于在环境中的存在；与生物系统的间接的、远程的，通常是室内的互动，不需要在环境中出现；具有文化意义的生物系统的其他特征
张彪等（2010）	人类需求	物质产品	生活资料、生产资料
		生态安全维护功能	气候调节、大气调节、水文调节、水质净化、土壤保持、土壤培育、物种保护
		景观文化承载功能	景观游憩、历史文化承载、科研教育
李琰等（2013）	终端生态系统服务	福祉构建	满足人的基本生存需求，作为人类福祉的输入，主要输出物质性收益
		福祉维护	提供安全舒适的生存环境，维护已有的福祉（物质 + 非物质）
		福祉提升	提高人的生活质量，作为人类福祉的输入，主要输出非物质性收益
Costanza（2008）	空间流动性	全球非邻近性	气候调节、碳封存、碳储存、存在价值
		当地邻近性	干扰调节或风暴防护、废物处置、生物控制、栖息地或避难所
		定向流动性	水流调节或洪峰消减、水量供给、沉积物调节或侵蚀控制、营养盐调节
		原位不动性	土壤形成、食物生产或非木材林生产、原材料
		用户位置变动性	基因资源、娱乐潜力、文化或审美

续表

分类来源	分类着眼点	分类方法	
		类	亚类
刘洋等（2019）	流域水环境管理	直接服务	总氮、总磷等营养盐的净化服务； 碳氢化物、除草剂等其他污染物的净化服务； 地表水、地下水的储存服务
		间接服务	土壤形成、土壤保持服务； 水流调节、洪水调蓄服务； 氮、磷、钾等物质循环服务
		生态收益	淡水、能源、水产品、粮产品、运输通道的供给服务； 疾病防控、栖息地保障的防护服务； 休闲娱乐、美学信息、科学教育、地方感的精神享受服务
吴舒尧和李双成（2018）	传递媒介	水	水源供给（供给）、水质净化（调节）、水文调节（调节）、洪灾防治（调节）等
		岩石和土壤	土壤形成（支持）、土壤保持（调节）、地质灾害防治（调节）等
		大气	固碳释氧（调节）、空气净化（调节）、气候调节（调节）、降噪（调节）等
		生物	食物生产（供给）、原材料生产（供给）、生物控制（调节）、生物多样性保护（调节）、传粉（调节）等
		生态系统整体	景观美学（文化）、休闲娱乐（文化）、科学教育（文化）等
Costanza（2008）	排他性和竞争性	排他—竞争	竞争性市场的产品和服务（多数供给服务）
		非排他—竞争	开放性资源（少数供给服务）
		排他—非竞争	非竞争性团体的产品（少数娱乐服务）
		非排他—非竞争	公共产品或服务（多数调节和文化服务）

资料来源：笔者整理得到。

（6）研究述评。虽然上述分类方法的基本目的都是确定并描述生态系统对人类福祉的作用，但是，它们在政策和管理目标、生态系统服务的具体定义以及服务分类标准方面存在较大分歧。

首先，在生态系统服务提供的位置上，尽管人们普遍认为生态系统能够以多种方式支持人类福祉，并且这种支持是生态系统服务概念界定的基础，但对生态系统服务在生态系统和人类福祉之间的具体位置仍存在分歧。特别是，对生态系统过程、功能、服务和效益之间的区别存在分歧。为了解决生态系统服务在连续体中的位置问题，博伊德和班茨哈夫（2007）引入并关注最终生态系统服务的概念。最终生态系统服务发生在自然系统（生态系统）和人类系统（生产者和家庭）之间的交接点。区分最终和中间的生态系统服务对于避免重复计算其价值至关重要，但随之带来的分歧是，生态系统服务是否应包含中间生态系统服务。

其次，在生态系统服务分类体系的结构上，分类体系的结构和详细程度在不同的研究中有所不同，并且一般随着时间的推移而演变。它们的范围从主要提供生态系统服务列表的扁平结构，到提供多层次嵌入式生态系统服务分类的更复杂的层次和分类法，这些灵活的嵌套层次结构，允许在不同级别上轻松聚合，并在附加服务变得相关时将其合并（Haines-Young and Potschin，2010；Haines-Young and Potschin，2012；Haines-Young and Potschin，2015；Landers and Nahlik，2013；EPA，2015）。

最后，由于生态系统的复杂性，多层次嵌入式的生态系统服务分类系统（CICES、NESCS 和 FEGS）只提供了对最终生态系统服务的分类，不包括中间服务。

三、生态系统服务价值评估方法

自 1970 年联合国大学发表的《人类对全球环境的影响报告》中首次提出生态系统服务的概念以来（赵军和杨凯，2007），生态系统服务及其价值评估就成为生态经济学的热点研究领域。特别是科斯坦萨等（1997）在《自然》（*Nature*）上发表了名为《全球生态系统服务与自然资本的价值》的文章之后，生态系统服务的价值评估得到了更为广泛的关注，并展开了大量的研究。

目前，能够将生态系统服务的实物量转换为价值量的估价方法有很多种，可以根据数据来源是否是从研究地直接获取，将其分为原始价值评估法和效益转移法（benefit transfer method，BTM，也叫价值转移）两大类（周鹏等，2019）。前者或基于市场的供需关系，或基于生态系统的结构和功能，或基于（替代的）成本，根据评估地收集的数据，参照经济学的估值方法，对生态系统服务进行估值。例如千年生态系统评估（MA）、生态系统和生物多样性经济学（TEEB）、世界银行主导的财富核算和生态系统服务估值（WAVES）项目以及联合国环境经济核算体系（SEEA）等均使用此法。采用此类方法对生态系统服务的价值进行评估，虽然评估结果较为准确，但评估过程较为复杂，通常只能评估区域范围内的某一种生态系统服务价值。例如，迈耶和沃尔特林（Mayer and Woltering，2018）使用旅行成本法对德国 15 个国家公园的休闲娱乐价值进行了评估。原始评估法的主要类型如表 1.7 所示。随着对价值评估结果精确度要求的提高，国际上还开发了许多综合的评估模型和工具，例如 InVEST、ARIES、IMAGE（Capriolo et al.，2020；刘业轩等，2021），并结合地理信息系统，对生态产品价值进行核算。

表 1.7　　　　　　　　　　**原始评估方法的主要类型**

原始价值评估法类型	方法概述
1. 基于市场的估价方法	价值是直接观察到的或从市场价格中得出的
1.1 市场价格法	根据最终可交易的商品价值评估
1.2 资源租金法	将生态系统服务的价值作为从运营盈余中扣除其他形式的资本贡献后的剩余部分得出
1.3 生产函数法	通过使用计量经济学模型将市场商品的产出与生态系统服务的投入联系起来
1.4 影子价格法	是市场价格的一种隐性形式，指社会通过设定环境目标赋予非市场化的生态系统服务的边际价格
2. 基于成本的估价方法	使用维持生态系统服务供应的实际措施的行动成本作为生态系统服务的替代价格
2.1 替代成本法	如果服务丧失，重建这项服务需要的成本
2.2 避免损害成本法	如果生态系统服务消失，损害发生时需花费的相应成本
2.3 恢复成本法	如果服务退化，恢复到它最初的状态需要的成本
3. 揭示性偏好法	通过购置（如房价）或行为（如旅行费用）间接揭示生态系统服务的价值
3.1 享乐价格法	研究商品的环境特征与其销售价格之间的关系
3.2 旅行成本法	消费者对旅游景点的支付意愿或花费

原始价值评估法类型	方法概述
3.3 避免行为法	评估个人为使身体更健康或避免不良的健康环境愿意支付的货币数额
4. 陈述性偏好法	陈述性偏好估价是一系列经济估价技术,使用个人受访者陈述的假设选择来估计与生态系统服务(一项或多项)的质量或数量的增加有关的效用变化
4.1 条件价值评估法	虚拟市场中受访者愿意购买或销售某项特定服务时的价格
4.1 选择实验法	受访者在具有不同属性的环境商品中做出选择
5. 模拟交换价值法	基于推导出的需求函数,可以通过需求函数选择一个点来估计边际交换价值,这个点可以是基于观察到的行为,也可以是通过与模拟的供应曲线相交而得到

资料来源:笔者在周鹏等(2019)、Harrison et al.(2018)的基础上略有补充。

后者假设可以将生境相似的生态系统作为替代从而提供经验值,并根据以往的评估结果对目标地的生态系统服务进行估价,主要包括价值转移法和单位面积生态系统服务价值当量因子法。国外学者常用价值转移法对生态系统服务进行估价,如科斯坦萨等(1997)采用此方法对全球生态系统服务价值进行了评估,巴达姆菲罗兹等(Badamfirooz et al.,2021)采用价值转移法估算了伊朗的湿地生态系统服务价值;国内学者常使用单位面积生态系统服务价值当量因子法,例如黄等(Huang et al.,2022)使用该方法估算了拉萨河流域的生态系统服务价值,张等(Zhang et al.,2021)估算了长江三角洲生态系统服务价值,李等(Li et al.,2021)研究了土地利用变化对丽江流域生态系统服务价值的影响,高等(Gao et al.,2021)模拟了多情景下土地利用变化对石家庄生态系统服务价值的影响。效益转移法的优点是可以在较大尺度上以较小的投入对生态系统服务的价值进行评估,但缺点在于评估结果不够准确。

四、生态系统核算相关实践研究

尽管 SEEA EA 于 2021 年才颁布实施,但已有至少 30 多个国家的统计部门和环境机构正在或者已经对其进行了实验性的编制(Hein et al.,2020)。这些部门或机构在 SEEA2012:EEA 核算框架的指导下,已在多个国家及区域范围内进行编制,以跟踪一些发展中国家和工业化国家的环境变化趋势，例如西班牙的安达卢西亚（Campos et al.，2019）；加拿大、澳大利亚的大堡礁和维多利亚（ABS，2017；Eigenraam et al.，2013）；欧盟各国（例如英国、荷兰）等（Maes et al.，2018；Remme et al.，2015）。

英国早于2011年就开始了自然资本的核算工作，并开发了许多生态系统核算账户，包括对一些生态系统服务的估值。英国开发了三种类型的自然资本核算账户：一是概括的英国自然资本总估计账户（包括实物量和价值量形式的生态系统服务流估计和资产账户）；二是详细的以栖息地为基础的生态系统核算账户，例如对林地、淡水、泥炭地和城市环境的核算，包括栖息地的范围和状况，以及对所提供的生态系统服务的估计；三是重要自然资产的交叉或支持账户（Campos et al.，2019）。

荷兰于2010～2015年在林堡省进行了生态系统核算的试点后，其核算范围就覆盖到了全国并且包括了所有的生态系统。因此，荷兰是第一个在全国范围内实施生态系统核算并完整地编制了六个主要账户的国家（Hein et al.，2020）。

澳大利亚的大堡礁是世界上最大的珊瑚礁生态系统。为了促进对大堡礁的保护和管理，澳大利亚开展了昆士兰州大堡礁地区和毗邻并流入大堡礁海洋公园的相关自然资源管理区域的实验生态系统核算。设计并编制了生态系统范围和状况账户、生物多样性账户、生态系统服务的供应和使用账户等，并使用资源租金方法确定生态系统服务投入和旅游租金。

除此以外，国际上还开展了一些与生态系统核算有关的项目。例如，世界银行的生态系统服务的财富核算与价值评估（wealth accounting and valuation of ecosystem services，WAVES）项目；联合国统计司、联合国环境规划署、《生物多样性公约》秘书处和欧洲联盟发起的"自然资本核算与生态系统服务估价"（natural capital accounting and valuation of ecosystem services，NCAVES）项目。

WAVES项目帮助许多发展中国家建立了本国生态系统核算账户。博茨瓦纳挑选了四个对国民经济有重要影响的领域优先开展了核算工作：水、土地和生态系统账户的旅游部分、矿物以及能源。哥伦比亚建立了自然资本核算的相关机制，使各个部门能够相互协调合作，开发了包括水、森林、土地、能源、矿物和生态系统的核算账户。哥斯达黎加开发了水账户以及森林账户，其中，水账户是一套涵盖水资源、水平衡、水使用和水污染的综合账目。森林核算包括木材和非木材产品，以及生态系统服务的经济价值和碳平衡。菲律宾建立了矿产资源的实物量和价值量资产账户、红树林账户以及生态系统账户。其中，生态系统账户主要是针对拉古纳湖盆地和巴拉望岛南部地区进行编制的。对于拉古纳湖盆地进行的生态系统核算主要开发了一系列核算账户，包括土地覆盖和变化账户、水账户、生态系统状况账户以及生态系统服务的供给和使用账户。对于南巴拉望岛的生态系统核算主要编制了土地账户（包括覆盖和变化）、森林和碳账户、生态系统状况账户、生态系统服务供给和使用账户，以及生态系统资产账户。

NCAVES 旨在帮助五个参与伙伴国家，即巴西、中国、印度、墨西哥和南非，推进环境经济核算的知识议程，特别是有关生态系统核算方面。它将启动 SEEA 生态系统核算（SEEA EA）的试点测试，以期在国家或区域层面上改进对其生态系统及其服务的测度（实物量和价值量方面），并在政策的规划和实施中将生物多样性和生态系统纳入主流。巴西在里奥格兰德河流域进行了一系列的生态系统账户、实验统计数据的试点研究；中国在广西和贵州开展试点，并在国家一级为编制自然资源资产负债表提供支持；印度在卡纳塔克邦进行试点，并将完成一套生态系统核算账户，同时将在国家层面评估几种生态系统服务的价值；墨西哥将在阿瓜斯卡连特斯州早期试点核算的基础上，在州和国家一级编制生态系统范围账户、生态系统状况账户和生态系统服务核算账户；南非将编制各种类型的生态系统账户，包括夸祖鲁－纳塔尔省的生态系统服务账户和国家一级的生态系统范围账户。

五、研究评价

就生态系统核算的理论成果而言，国外学术界对于生态系统核算的理论研究相对较为完善。界定了生态系统的核算范围，厘清了生态系统资产和生态系统服务等相关概念，构建了生态系统服务的分类方法体系，梳理了生态系统服务和生态系统资产的估价方法，明确了生态系统核算的核心账户。然而，国内学术界关于生态系统核算的理论研究却相对滞后。首先，多数学者仅关注生态系统服务的分类方法和价值评估，较少有学者基于统计核算视角，探讨生态系统服务和生态系统资产的核算方法；其次，国内学者在计算生态系统服务价值时常采用单位面积生态系统价值当量因子法，但该方法由于采用净利润作为单位当量因子经济价值的参照，不能满足国

民经济核算视角下交换价值的概念。对比而言，国外学者则更偏向于选择
Meta 分析法，但由于我国缺乏相应现成的 Meta 转移数据库，以致学者在进
行相关研究时还要构建 Meta 转移数据库，工作量大且较为分散，难以形成
规模效应；原始价值评估法通常需要实地测量参数，评估范围越大，所需
参数越多。总体而言，基于生态功能的原始评估法更适用于地区尺度的精
细化管理，评估准确但相对难度大、耗时长、成本高；价值转移方法更适
用于国家或区域尺度进行估判和分级，估值快速但相对信息少、不确定性
大、影响因素多。

就生态系统核算的实践成果而言，目前研究主要存在以下特征：一是
各国进行的生态系统核算大多属于试点阶段，大部分国家要么仅是针对某
一项生态系统服务，进行了细致的核算；要么仅是针对某一特定区域，进
行了较为完整的编制，鲜有国家较为完整地编制了本国的生态系统核算账
户。二是已有实践国家对生态系统服务的选择大多是基于重要性和可行性
原则，先选择对人类福祉影响较大且数据较易获取的生态系统服务进行编
制，再慢慢推广到其他生态系统服务。

第三节　研究目标与研究内容

一、研究目标

本书的研究目标是：探讨、阐述生态系统核算的基本问题，构建一个
较为完整的中国陆地生态系统核算框架体系；编制中国陆地生态系统核算
账户。具体来看，全书共围绕以下三个子目标进行。

第一，探讨生态系统核算的基本问题，主要包括生态系统核算的基本
概念及核算原则；生态系统核算的基本原理及核算范围；生态系统服务和
生态系统资产的估价方法；生态系统核算内容与核算框架。

第二，构建中国陆地生态系统核算方法体系。首先，结合中国生态系统
的分类方法和数据可获取性，对中国陆地生态系统资产进行分类，进而设计
中国陆地生态系统范围账户及陆地生态系统状况账户；其次，根据陆地生态
系统服务的供给来源和使用对象，构建了三层递进式生态系统服务分类体系，
进而设计陆地生态系统服务的供给和使用账户；再次，根据适用的生态系统

估价方法，构建了陆地生态系统服务的价值量核算账户和陆地生态系统资产的价值量核算账户；最后，设置中国陆地生态系统专题核算账户。

第三，编制中国陆地生态系统核算账户。主要包括中国陆地生态系统范围账户、中国陆地生态系统状况账户、中国陆地生态系统服务供给和使用账户以及中国陆地生态系统资产账户。

二、研究内容

本书基于现有研究成果，以统计学、生态学、经济学、地理信息科学为指导，按照"理论阐述—体系构建—中国实践"的逻辑思路，对中国陆地生态系统的核算方法进行研究，并编制中国陆地生态系统核算账户。

全书内容共有九章。

第一章为绪论。介绍了本书的研究背景与研究意义、研究现状与研究评价、研究目标与研究内容、研究思路与研究方法，以及创新点和研究不足。

第二章为生态系统核算的基本问题。本章是生态系统核算体系的构建基础。本章首先阐述了生态系统核算的基本概念、基本核算原则、基本原理、核算范围，以及生态系统估价方法。其次，根据国际已有生态系统核算体系，探讨了中国陆地生态系统的核算内容及核算框架。

第三章到第六章构建了理论层面的中国陆地生态系统核算体系。

第三章为陆地生态系统范围与状况核算方法。首先，根据土地利用/土地覆盖分类体系，对中国陆地生态系统进行分类；其次，设计了中国陆地生态系统范围核算账户，包括陆地生态系统范围账户的一般表式及土地类型转换矩阵；最后，根据陆地生态系统状况特征，设计了中国陆地生态系统状况账户。

第四章为陆地生态系统服务实物量核算方法。首先，根据陆地生态系统服务的供给来源和使用对象，构造了三层递进式生态系统服务分类体系；其次，根据陆地生态系统服务供给和使用账户的一般形式，结合中国生态系统服务分类方法和中国陆地生态系统分类，设计了中国陆地生态系统服务的供给和使用账户。

第五章为陆地生态系统价值量核算方法。本章首先阐述了基于生态系统核算目的的生态系统服务估价原则，以及该原则下适用的陆地生态系统服务估价方法；其次，探讨了在陆地生态系统服务的估价过程中各类估价方法的选择顺序，并设计了陆地生态系统服务的价值量核算账户；最后，探讨了陆地生态系统资产的估价方法，并设计了陆地生态系统资产的价值量核算账户。

第六章为陆地生态系统专题核算——以森林生态系统资产负债表为例。本章以森林生态系统资产负债表为例，探讨生态系统资产负债表的核算内容及核算框架。首先，探讨了生态系统资产、生态系统负债的核算内容及核算方法；其次，构建了森林生态系统资产负债表的核算框架，包括森林生态系统资产核算账户以及森林生态系统资产负债表。其中，森林生态系统资产核算账户包括森林生态系统范围账户、森林生态系统状况账户以及森林生态系统资产价值量核算账户。

第七章到第八章为中国陆地生态系统核算应用研究，编制了中国陆地生态系统核算账户。

第七章为中国陆地生态系统范围和状况账户编制实践。本章首先对中国的地理信息进行了概括；其次，编制了中国陆地生态系统范围账户，包括陆地生态系统范围核算表以及陆地生态系统类型转移矩阵；最后，编制了中国陆地生态系统状况账户，包括中国陆地生态系统状况总账户，以及中国各省生态系统状况账户。

第八章为中国陆地生态系统价值量账户编制实践。首先，编制了中国陆地生态系统服务供给账户，包括中国陆地生态系统服务供给总账户以及中国各省生态系统服务供给账户；其次，编制了中国陆地生态系统服务使用账户，并分析了各省生态系统服务的供需均衡情况；最后，编制了中国陆地生态系统资产账户，包括中国陆地生态系统资产总账户，以及中国各省陆地生态系统资产账户。

第九章为研究结论、启示及展望。本章概括了全书的研究结论，并从体系构建和中国实践两方面给出了相应的研究启示，最后对未来研究进行了展望。

第四节　研究思路与研究方法

一、研究思路

本书基于环境经济综合核算体系，结合统计学、生态学、经济学、地理信息科学相关理论，按照"理论阐述—体系构建—中国实践"的逻辑思路，对自然资源资产负债表的编制方法展开系统研究，构建了一个相对完整的分析框架。具体的研究思路如图1.4所示。

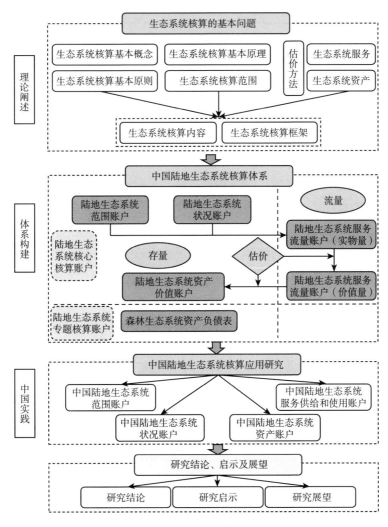

图1.4　本书研究的技术路线

二、研究方法

本书围绕生态系统核算这一目的，以统计学、经济学相关理论为指导，结合生态学、地理信息科学等学科，采用文献分析法、对比分析法、系统分析法、动态分析和静态分析相结合、定性分析和定量分析相结合等多种研究方法展开研究，确保了研究的科学性和系统性。具体来说，本书研究共采用了以下研究方法。

（1）文献分析法和对比分析法。文本围绕生态系统核算这一目的，收集了大量的国内外相关文献，内容涉及生态系统资产和生态系统服务等基本概念的界定、生态系统核算账户的设计以及生态系统核算账户的编制实践等，本书对这些文献进行了系统的梳理，并对学者们的不同见解进行了对比分析，以期能够更好地将其他国家的编制经验应用在中国陆地生态系统核算账户的构建和编制中。

（2）系统分析法。编制中国陆地生态系统核算账户是一项系统工程，既涉及运用统计学、经济学和生态学相关知识进行陆地生态系统核算体系的构建，又涉及结合地理信息技术进行陆地生态系统核算账户的编制。要将生态系统核算理论分析透彻，并以此构建中国陆地生态系统核算体系进而编制中国陆地生态系统核算账户，必须采用系统分析方法来厘清思路。

（3）动态分析和静态分析相结合。本书编制的陆地生态系统核算账户，既包括静态形式的陆地生态系统资产账户和陆地生态系统服务供给账户，也包括动态形式的陆地生态系统范围账户和陆地生态系统状况账户，并且在计算中国陆地生态系统资产价值时计算了未来100年各类生态系统产生的生态系统服务价值，采用了动态分析和静态分析相结合的方法。

（4）定性分析和定量分析相结合。本书在探讨生态系统核算的相关概念和分类方法时，主要采用了定性分析法。同时，本书也运用了大量的定量分析法，例如，在进行陆地生态系统服务和陆地生态系统资产的估价，以及编制中国陆地生态系统核算账户时，都采用了定量分析法。

第五节　创新点与不足

一、创新点

本书基于现有研究成果，以统计学、生态学、经济学、地理信息科学为指导，按照"理论阐述—体系构建—中国实践"的逻辑思路，对生态系统核算的基本问题进行了阐述和界定；设计了中国陆地生态系统范围和状况账户、陆地生态系统服务的实物量账户和价值量账户，以及陆地生态系统资产的价值量账户，从而构建了一个完整的中国陆地生态系统核算框架；利用地理空间数据，编制了中国陆地生态系统核算账户，包括陆地生态系统范围账户、陆地生态系统状况账户、陆地生态系统服务供给和使用账户以及陆地生态系统资产账户。本书的创新之处主要体现在以下两大方面。

（1）创新性地构建了中国陆地生态系统核算体系。目前，我国尚未开发本国的生态系统核算体系。虽然可直接借鉴联合国等机构发布的 SEEA EA，但 SEEA EA 是基于通用视角构建的生态系统核算体系，并不能直接对接我国的实际情况。本书在参照 SEEA EA 的基础上，基于我国的国情及数据的可得性，构建了中国陆地生态系统核算账户体系。首先，根据陆地生态系统服务的供应和使用情况，构造了三层递进式生态系统服务分类体系：对最终生态系统服务，构造了"供应者""最终服务""使用者"三层递进式最终生态系统服务分类体系；对中间生态系统服务，构造了"供应者""中间服务""使用者"三层递进式中间生态系统服务分类体系，以便能够更好地将陆地生态系统服务核算数据纳入陆地生态系统服务核算账户中。其次，基于中国的陆地生态系统资产分类方法和生态系统服务分类方法，借鉴 SEEA EA 的生态系统核算账户，设计了中国陆地生态系统范围账户、生态系统状况账户、生态系统服务的供给使用账户以及生态系统资产的价值量核算账户。最后，基于中国的实际情况，探索性地设置了中国陆地生态系统专题核算账户——生态系统资产负债表，并以森林生态系统为例，尝试性地探讨了森林生态系统资产负债表核算内容及核算方法，构建了森林生态系统资产负债表核算框架，包括森林生态系统资产核算账户以及森林生态系统资产负债表。

（2）创新性地编制了中国陆地生态系统核算账户。本书以空间数据为依据，基于改进的当量因子法，编制了中国陆地生态系统核算账户体系。首先，采用改进的当量因子法计算陆地生态系统服务价值。本书以陆地生态系统核算为目的，对传统大尺度价值评估中所用的当量因子法进行改进。传统的当量因子法将单位面积农田生态系统生产粮食所产生的净利润，当作 1 个标准当量因子的生态系统服务的价值量，并以此为依据计算陆地生态系统服务的价值。但其不能满足陆地生态系统核算的价值量核算要求。因此，本书以资源租金代替净利润，对传统当量因子法进行了改进。其次，编制了 1980 年、1990 年、1995 年、2000 年、2005 年、2010 年、2015 年、2020 年的中国陆地生态系统范围核算表；1980～2020 年中国陆地生态系统类型转换矩阵；1999～2019 年中国陆地生态系统状况账户；2020 年中国陆地生态系统服务的供给和使用账户以及 2020 年的中国陆地生态系统资产账户。

二、研究不足

受核算数据、研究时间等多种客观因素的限制，本书关于中国陆地生态系统核算方法与应用的研究仍处于探索性阶段，还存在许多不尽如人意的地方，有待做出进一步研究和完善。具体来看，主要不足之处如下所述。

本书构建的陆地生态系统服务分类体系中，生态系统服务主要是基于先前的研究结果进行选取的，考虑到了生态系统服务的普遍性，但未考虑地区之间的差异性。我国幅员辽阔，不同地区之间在生态系统服务的供应方面可能存在较大差别，特别是供给服务。因此，在进行地方生态系统核算时，可能有必要对生态系统服务分类进行适当调整。此外，本书构建的陆地生态系统核算体系，既包括陆地生态系统核算的主要账户，也包括专题账户。但在专题核算账户的设置上，出于各种因素的限制，没有将更多的核算账户纳入专题账户中进行探讨，例如碳核算账户、生物多样性核算账户等。

第二章　生态系统核算的基本问题

第一节　生态系统核算的基本概念及核算原则

一般来说，核算的本质在于以较为系统的方式记录有关存量和流量的各类数据。在企业会计核算中，核算的重点是企业单位；在国民经济核算中，核算的重点是位于一个地理区域（通常是一个国家）的一系列不同的经济单位（企业、家庭、政府）。生态系统核算的重点则是生态系统，其目的是以系统的方式记录选定生态系统的存量和流量的各类数据。虽然生态系统核算的核算重点是生态系统，但其中也应包括生态系统同人类和经济单位之间的关系。如此，生态系统核算就能够分析生态系统在支持经济和其他人类活动方面发挥的作用，并为了解经济和人类活动对生态系统产生的影响提供了基础。

一、生态系统核算的基本概念

（一）生态系统

大量文献对生态系统进行了界定（United Nations, 2019; MA, 2005; Boyd and Banzhaf, 2007; Fisher and Turner, 2008; Bateman et al., 2010）。其中引用最为广泛的是《生物多样性公约》（*The Convention on Biological Diversity*, CBD）提出的，生态系统"是一个由植物、动物、微生物群落，以及它们与非生物环境之间相互作用的功能所组成的动态复合体"，SEEA EA 也是参照该定义。

通常情况下，生态系统被视为一种或多或少的"自然"系统，只受到人类活动的有限影响。然而目前，人类活动已经渗入世界的各个角落，在各类生态系统中都可以观察到不同程度的人类影响。例如，在原始森林中，生态系统过程对生态系统的动态发展产生了主导作用，人类对生态系统的管理或干扰可能只会产生较少的影响。而在农田或水产养殖区，生态系统过程则会受到人类管理活动的极大影响。再如，靠近人类居住区域或者是人类居住区内的生态系统可能会受到人类活动和干扰（如污染）的严重影响，但仍然保留了一些正常运作的生态系统的特征。生态系统核算涵盖所有这些类型的生态系统，符合《2012 环境经济核算体系：中心框架》（*System of Environmental-Economic Accounting 2012：Central Framework*，SEEA2012：CF）中定义的广泛环境资产。

（二）生态系统资产

由于生态系统可以在不同的空间尺度上识别，因而 SEEA2012：EEA 将生态系统资产定义为"生物、非生物成分以及其他共同发挥功能的特征组合而成的空间区域"（高敏雪，2018）。基于此，可以认为，生态系统资产是一个由特定生态系统类型构成的连续的空间区域，该空间是由生物、非生物成分以及其他共同发挥功能的特征组合而成的（UN，2021）。

如同 SNA 对资产的解释，资产是一种价值储藏手段，生态系统资产也同样是一种价值储藏手段，其价值体现在预期的未来生态系统服务流量中。这不仅有助于将生态系统资产的范围和状况与这些生态系统资产在未来为子孙后代提供服务的潜力联系起来，还有助于认识到价值储存的重要性，强调对生态系统资产的投资和管理，以支撑未来的生态系统服务供应。

从范围上讲，SNA 中的所有资产都是经济资产。而生态系统资产的范围并不仅限于经济资产，而是沿袭了 SEEA2012：CF 中关于环境资产的定义。环境资产是地球上自然发生的生命和非生命的组成部分，共同构成生物物理环境，并且可能会给人类带来好处。基于环境资产的定义，生态系统资产的界定并不取决于 SNA 中界定经济资产必要条件——利益或所有权，而是指那些基于其生物物理特征而存在的资产。对于陆地生态系统而言，生物组成部分的核算范围指从地表以下的土壤生命和植物根系部分一直延伸到地表以上的植被部分，非生物成分是那些直接与这些生命成分相互作用的成分，例如土壤、地表水、土壤水，还有来自大气的空气。

生态系统资产的概念在生态系统核算中起着举足轻重的作用。生态系统资产是生态系统核算的一种统计单位，决定了统计信息在哪个范围内收集以及最终的数据最后在哪个层面上汇总。从概念上看，生态系统资产是三维的，但它却有一个二维的边界。这个边界就是生态系统资产的三维包络线与地球表面的交集形成的。我们假定这个包络线的两侧是垂直的，这样相邻生态系统资产就不会重叠。在核算中，生态系统资产通常通过二维的面积来表示。

（三）生态系统核算单位

为了与 SNA 相衔接，在进行生态系统核算前必须要先确定生态系统的核算单位。生态系统核算的主要核算单位是生态系统资产（ecosystem assets，EAs），它是一种特定生态系统类型的连续空间。某一特定生态系统类型反映了一套独特的生物和非生物成分及其相互作用，这些生物和非生物成分包括动物、植物、真菌、水、土壤、生态系统中的矿物质等。

生态系统核算的第二类核算单位是生态系统核算区域（ecosystem accounting area，EAA）。EAA 是编制生态系统核算的地理区域，可以根据国家边界、地方行政区划或者保护区范围等来划定。相对而言，生态系统资产则是根据自身的结构、功能、组成部分以及相关的生态过程而划定，反映不同的生态系统类型。可以说，EAA 决定着哪些生态系统资产应该被包括在生态系统核算账户中。生态系统核算区域和生态系统资产之间的关系如图 2.1 所示。

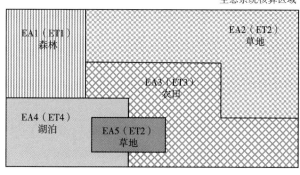

图 2.1 生态系统核算区域与生态系统资产

注：图中 EA 代表生态系统资产，ET 代表生态系统类型。

资料来源：UN（2021）。

在图 2.1 中，这个区域共由 5 个生态系统资产构成，分别是 EA1、EA2、EA3、EA4、EA5。其中，EA2 和 EA5 代表同一种类型（草地）的生态系统。但由于它们不相邻，因而不能算作一个生态系统资产。如果我们想要核算整个大长方形的区域，那么这片区域就叫作生态核算区域，包括EA1、EA2、EA3、EA4、EA5。一个生态系统核算区域的常见形式有国家、行政区域以及根据地理环境确定的研究区域（如森林集水区、亚马孙河流域）等。当然，如果一个生态系统资产分属于不同的行政区域，也可以根据各地的管辖范围，确认各自的生态系统资产。总的来说，一个生态系统核算区域可以是由多个生态系统资产组成的，但每个生态系统资产都有其特定的类型。

除了 EAs 和 EAA 以外，还可以设置生态系统核算的基本空间单位。基本空间单位在生态系统核算中的作用主要体现在两个方面：一是要作为生态系统的最小组成单位，确定其边界和范围；二是要作为一种统计单位，用于信息的收集和统计资料的汇编（高敏雪，2018）。生态系统核算的基本空间单位是栅格单位，可以用描述栅格单位的方法来描绘基本空间单位，以容纳来自不同分辨率的空间数据集的信息，同时避免使用单一参考网格造成的信息损失。这种方法有助于在不同层面（如国家、市或地区）上重新聚合每个指标的结果（如按县或流域）。

（四）生态系统服务

根据生态系统类型、范围和状况，以及经济单位（包括家庭、企业和政府）使用它们的位置和模式，生态系统资产能够提供一篮子反映各种生态系统特征和过程的服务，被称为生态系统服务。生态系统能产生一系列广泛的服务，包括供给服务（即与食物、纤维、燃料和水供应有关的服务）、调节服务（即与空气、水、土壤、生境和气候的过滤、净化、调节和维持活动有关的服务）、文化服务（即与生态系统的感知或实现质量有关的经验和非物质服务，其存在和功能使个人能够获得一系列文化利益）。

本书采用 SEEA EA 对生态系统服务的定义，认为生态系统服务是生态系统对经济和其他人类活动中使用的利益的贡献（UN，2021）。其中，使用包括直接的物质消费、被动享受和间接使用，利益则是指最终被人们与社会使用和享受的商品与服务。由于生态系统服务的贡献而产生的利益既可能体现在当前的生产中（如食物、水、能源、娱乐），也可能是在这些生产之外（如清洁空气、防洪）。

通常认为，生态系统服务有两种类型：一种是最终生态系统服务（final ecosystem service，FES）；另一种是中间生态系统服务（intermediate ecosystem service，IES）。

如图2.2所示，生态系统产生的两类生态系统服务——中间生态系统服务和最终生态系统服务，其区别主要在于服务的使用者。如果生态系统服务被生态系统本身或其他生态系统所消耗，该服务则为中间生态系统服务；如果生态系统服务能够直接作用于受益者，或同劳动力和资本相结合产生价值，则该服务为最终生态系统服务。

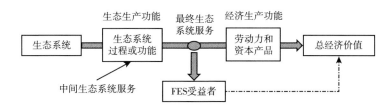

图2.2　生态系统服务同经济生产的关系

资料来源：Landers and Nahlik（2013）。

本书认为，生态系统服务的重要性不仅体现在与人类获得利益相关的最终生态系统服务上，也体现在中间生态系统服务上。如果我们仅将生态系统服务定义为最终生态系统服务，那么我们可能会忽视一些重要的生态系统功能或生态过程，例如碳储存。因此，本书认为，生态系统服务应包括中间生态系统服务和最终生态系统服务两类，但有必要对其进行区分。遵照 SEEA EA，本书认为生态系统服务是生态系统对经济和其他人类活动中所使用的利益的贡献，并包括向经济单位（家庭、企业和政府）以及其他生态系统资产提供的各种服务。其中，使用既包含了直接的物质消耗，也包括被动享受和间接接受的服务。同时，将生态系统提供的服务分为两类：一类是中间生态系统服务；另一类是最终生态系统服务。需要注意的一点是，生态系统服务是一个流量，而非存量。

当然，在生态系统核算中，生态系统服务核算的重点是记录最终生态系统服务。区分最终生态系统服务和中间生态系统服务的关键在于服务的使用者。如果服务的使用者是经济单位，那么该服务就是最终生态系统服务。最终生态系统服务是生态系统生产功能和经济生产功能之间的联系纽带，代表了生态系统服务从生态系统资产到经济单位之间的流动。这里的经济单位包括所有国民经济账户中的机构类型，例如企业、政府和家庭。如果服务的使用者是生态系统，该服务就是中间生态系统服务，这些服务与最终生态系统服务的供给有关。虽然生态系统服务核算的重点在于最终生态系统服务，但对重要中间生态系统服务的记录还是有必要的，重要中间生态系统服务主要指那些与最终生态系统服务有清楚的联系，以及那些对生态系统管理或政策实施有重要意义的可观测、可分析的中间生态系统服务，例如授粉服务和碳储存。

此外，生态系统服务的流动有时反映在直接的物质流动中，有时也会反映在间接接受的生态系统服务中，例如洪水控制服务。

（五）利益

利益是最终被人与社会使用和享受的商品与服务。利益一词起源于 SNA 对经济利益的定义，但实际应用却比该定义更为广泛。经济利益是指通过一种行为产生的收益或正效用。行为既可以是生产，也可以是消费或积累；效用则涉及人类需求或福祉改善的满意度。可以从两个途径解释经济利益：一是经济利益可以视为提供服务的报酬，例如投入生产的那些劳动和资本服务；二是经济利益可以视为获得货物和服务的手段，例如用于当期或未来的生产、消费或积累（UN et al.，2008）。因此，在生态系统核算中，一个利益反映了产生于生态系统服务使用的一份收益或者福祉的正贡献。

利益被分为 SNA 利益和非 SNA 利益。SNA 利益是包含在 SNA 生产边界内的商品或服务，包括可购买的所有食物、水、能源、衣物、住所和娱乐服务。作为对 SNA 利益的贡献，生态系统服务被视为对存在的生产过程的投入，SNA 利益可以被看作包含生态系统和各种其他投入（生产资产和劳动）联合生产过程的结果。这两种情况下，生态系统核算的目标是分离并记录生态系统对利益的贡献。非 SNA 利益是指未被包括在 SNA 生产边界中的商品和服务，例如干净的空气。根据利益的定义，非 SNA 利益的范围仅限于生态系统对人类和社会的贡献，不包括对其自身的贡献。

在生态系统核算中，有必要对"利益"进行单独说明，其原因在于很多人混淆了生态系统服务和利益，认为它们是等价的，其实不然。生态系统服务不等同于利益。利益通常来自生态系统服务与普通商品和服务的结合，而生态系统服务则是生态系统对经济和其他人类活动的贡献，如图 2.3

所示。可以看到，生态系统服务是生物物理结构或过程的产出，如果作用到社会经济体系，就产生了利益。因此，生态系统服务被认为是对利益的贡献，并包括向经济单位（家庭、企业和政府）以及其他生态系统资产提供的各种服务。利益并不是指福利或福祉，而是与国民核算中"产品"相对应的一个概念（UN et al.，2014）。而之所以选择"利益"这个词，一方面是承认 SEEA 拓宽了 SNA 的产品概念，另一方面也认可了"利益"同生态系统服务之间的差别。

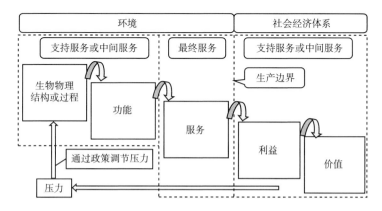

图 2.3　生态系统服务和利益的关系

资料来源：石薇、汪劲松和史龙梅（2017）。

虽然生态系统服务及其相关利益在效果上可能是相同的，但生态系统服务是投入的一种形式，该投入可以产生利益，最终生态系统服务的价值有一部分已经包含在了 SNA 利益中（UN et al.，2014）。人力资本、生产资本和生态系统服务都是投入，这一系列投入的组合被视作联合生产，产生 SNA 利益。出于核算目的，非 SNA 利益的测度范围仅限于那些与人类福祉有关的生态系统服务流，同时排除了支持服务和中间服务（生态系统间流量及生态系统内流量）[①]，只包含生态系统产生的被称为生态系统最终服务的最终产出（UN et al.，2014）。同时，可以对最终服务进行分类，建立这些最终服务同标准产品和活动的关系，以识别不同资本结合对人类福祉的贡献（Haines-Young and Potschin，2012）。

---

　　① SEEA2012：EEA 认为，在生态系统运行过程中，生态系统之间以及生态系统内部的流量变化是很难核算清楚的。然而，这些流量变化却可以在生态系统质量指标中予以体现，生态系统质量指标可以反映这些变化对生态系统资产和生态系统服务的影响。

正确区分生态系统服务和利益，不仅有助于认识到人类投入在生产过程中的作用，还有助于确定货币估值的标的——并非是产品价值，因为最终生态系统服务的价值只能代表相应利益的整体货币价值的一部分。

二、生态系统核算的基本原则

生态系统核算的目的是与人类经济活动相关联，因此生态系统核算必然不能独立于经济核算之外而存在，而是要与经济核算紧密相连。其联系的纽带就是采用同国民经济核算相同的核算原则。

（一）核算期间的长度

经济核算对交易和其他流量的记账时间和核算期间有明确的标准。经济核算的标准核算期间为一年。虽然一年的长度比较适合分析经济趋势，但对生态系统趋势的分析可能需要不同的时间长度。尽管如此，SEEA EA 仍然建议生态系统核算采用一年的标准作为经济核算期间长度，因为这样能够保证生态系统的核算时间长度同标准经济核算期间长度一致，以便将生态系统核算数据与经济核算数据进行整合。

然而，在进行生态系统核算的初期，可能无法获取这种年度数据。可以先维持固定的编制周期，例如每3~5年编制一次。还可以利用内插技术，填补空缺年份的核算数据。

（二）计量单位

在生态系统核算中，价值量账户应采用统一的货币单位进行计量，实物量账户应根据核算内容和核算性质进行选择。例如，存量账户应与某一时间点的计量单位有关，如总面积、总体积；流量账户应与期间的计量单位有关，如人次/年。实物量账户的各项指标之间，计量单位都可能是不同的，指标的计量单位要根据各项指标的特征进行选择；但针对同一指标，就要选择相同的计量单位。例如，在生态系统状况核算中，每个生态系统特征及其相关变量都可能涉及使用不同的计量单位，因而无法直接将不同生态系统的状况进行对比。但可以通过使用参考水平将生态系统状况指标进行标准化，以便可以相互比较。

第二节　生态系统核算的基本原理及核算范围

一、生态系统核算的基本原理

SNA 将资产定义为一种价值贮藏手段，能够使其经济所有者通过在一段时间内持有和使用该实体得到某种收益或一系列收益。类似地，也可以将生态系统资产视为一种价值贮藏手段，其价值可以通过其产生的生态系统服务流的价值进行估算。

生态系统资产提供的生态系统服务，可以是由单一的生态系统资产产生的，也可以是由多个生态系统资产共同运作的。在此框架下，生态系统资产可被描述为生产单位。出于核算的目的，我们假设可以将每种生态系统服务的供应归属于单一的生态系统类型（例如，森林的木材供给服务），或者在生态系统服务的供应涉及不同生态系统类型一个以上的生态系统资产时（例如，整个流域的防洪服务），估计每个相关生态系统类型对总供应的贡献。

在许多情况下，经济单位的收益涉及一个联合生产过程，既涉及来自生态系统的投入（即生态系统服务），也包括来自人类的投入，如劳动力、生产资产、中间投入（如燃料、肥料）和闲暇时间等。例如，生态系统对野生鱼类生长的贡献——反映为由生态系统（如湖泊）提供并由一个经济单位（如渔民）使用——必须与利益区分开来，在这个例子中，利益就是渔民卖给其他经济单位的鱼。此外，在生态系统核算中，投入的组合不同，生态系统的贡献也会有所不同。例如，如果鱼是来自水产养殖设施，那么生态系统的贡献就会大大降低，因为生态系统的大部分贡献将被人类生产的投入所替代。

所有的生态系统服务都能够反映基本的生态系统特征和过程，如营养循环、光合作用或树冠覆盖等，但生态系统核算的目的并不是系统地记录这些特征和过程，而是重点核算生态系统向经济单位（包括企业和家庭）提供的生态系统服务的结果。这些被记录为生态系统资产（供应商）和经济单位（用户）之间的交易，被称为最终生态系统服务，因为它们代表了与经济互动的生态系统的最终产出。例如，地方公园向家庭住户提供的娱乐相关服务。要记录最终生态系统服务的供应，必须有一个经济单位的相应使用。

二、生态系统的核算范围

SNA 侧重于对经济活动的核算。2008 版 SNA 将资产分为生产资产和非生产资产两种，对于生物资源，SNA 则更愿意用"培育"和"非培育"的说法来描述。非培育生物资源强调资源的"自然"属性，然而 SNA 的核心指标——国内生产总值（gross domestic product，GDP）并没有反映对这些"自然"资源的消耗。尽管 SEEA2012：CF 拓展了资产的范围，但它仍维持了 SNA 的生产范围，生产范围又反过来限制了资产范围。因而，SNA 和 SEEA2012：CF 都没有将各种生态系统服务包含在生产账户中，例如调节服务以及生物资产的自然生长。对自然资源而言，它们不是生产过程的结果，它们提供的服务被认为是资源租金（Edens and Hein，2013）。

但事实上，地球上大多数生态系统都或多或少地被人类行为所影响（MA，2005），"培育性"和"自然"之间的界限很难划分，即使是对于培育性生物资产，生态系统动力和自然过程也是十分重要的。考虑到自然资源的增长虽不在 SNA 的生产范围内，但要取得这些资源就属于 SNA 生产范围。将生态系统融入核算体系需要对生产边界进行扩展，区分培育性生物资源和自然生物资源是没有必要的（Edens and Hein，2013）。因此我们扩展了生产范围，将生产范围不限于"生产活动"，也包括生态系统服务（Obst et al.，2015）。

在概念上，生态系统资产被设想为一个三维空间。那么，在进行生态系统核算之前，为了建立一个清晰的核算边界，有必要对这个空间的范围进行界定。就地表而言，这个范围是较为容易界定的，就是特定生态系统类型的覆盖范围，界定三维空间的重点就在于两个方面：一是这个空间的上限；二是这个空间的下限。

就上限而言，由于一些重要的生态过程，例如光合作用、固碳，以及空气净化等，都是基于与大气之间的相互作用而形成的，因而生态系统正上方和内部的大气也应被视为生态系统资产的一部分，作为生态系统核算空间单元内的非生物组成部分之一。生态系统资产的上边界为大气边界层。大气边界层是与地球表面接触的对流层的底层，地球表面与其生态、大气之间的相互作用仅限于大气边界层，因而大气边界层就形成了生态系统资产的自然上限。在这一层之上的大气不被认为是生态系统的资产。

就下限而言，直接参与生态系统过程的底土被认为是生态系统资产的一部分。这些生态系统过程包括土层和含水层之间的水流、生物扰动、碳循环、营养物质循环以及其他成岩过程等。生态系统资产的精确底土边界层将取决于土壤、沉积物和基岩的结构。而就含水层而言，SEEA EA 虽然认为含水层都包含一些生物成分，并且应该被视为一个生态系统，但却并不认为含水层都应被包括在位于其上方的生态系统资产范围内。承压含水层应被视为与其地表生态系统资产不同的生态系统资产，而潜水含水层可根据情况进行区别处理或与地表生态系统资产结合。为了保证大范围核算的一致性，本书认为可以将生态系统资产的下限限制在底土边界，不包括含水层。

值得注意的是，一些地下非生物资源，也就是位于岩石圈深层基底的资源，例如天然气、石油、煤炭和矿石等资源，由于其与周围的生态系统并没有直接的相互作用，因此并不被认为是生态系统资产的一部分，这些资源属于环境资产的一部分。

尽管生态系统资产从概念上来说是个三维的空间，但是在进行生态系统核算时，较难对三维空间进行处理，因此通常的做法是界定一个二维的边界。这个二维边界是由生态系统资产的三维包络面（3D bounding envelope）与地球表面相交而形成的。而为了使相邻两个生态系统资产不重合，在进行核算时通常假定纵向上的包络面是垂直的。如此，就可以分辨出各个不重合的生态系统资产，并且用面积来表示这个二维的生态系统资产。

第三节　生态系统服务与资产的估价方法

一、生态系统服务的估价方法

从 20 世纪 90 年代至今，生态系统服务的价值评估就一直都是生态系统经济学领域的研究热点。面对不断增长的、大量的、多元化、跨尺度的评估需求，可以说，没有一种评估技术是完美的，人们在应用相应的估价方法时必须要同时兼顾分析的需求以及数据、资源的可用性（Costanza et al. ，

2017），不同的评估内容和管理的目标对效率和精度的要求存在很大差异（周鹏等，2019）。因此，有必要对现有的评估方法进行分类概括，以便了解各自的特点及适用性。

（一）原始价值评估法

原始价值评估法是一种通过测度生态系统的过程、功能及其同人类活动之间的相互作用关系，对评估地的数据进行实地收集，进而进行价值量计算的估价方法。该方法主要使用了评估地的基础数据，并参照经济学的估值方法，主要包括市场法、成本法、揭示性偏好法以及陈述性偏好法等方法，是一种较为传统的估值模式。除此之外，模拟交换价值法、影子价格法等也偶见采用。

常用的生态系统服务原始价值评估法可分为五类：（1）基于市场的估价方法，主要包括市场价格法、资源租金法和生产函数法；（2）基于成本的估价方法，主要包括替代成本法、避免成本法和恢复成本法；（3）揭示性偏好法，主要包括享乐价格法、旅行费用法；（4）陈述性偏好法，主要包括条件价值评估法（CVM）和选择实验法；（5）模拟交换价值法，该方法主要是依据上述 4 类价值评估方法，计算生态系统服务的模拟交换价值（沈满洪，2016；Jónsson et al.，2016；Beer，2018；Tanner et al.，2019；Hermes et al.，2018；Acharya et al.，2019；Müller et al.，2020；Liu et al.，2020）。

1. 基于市场的估价方法

马歇尔从市场供需均衡的角度，将商品的交换价值视为价值，从而创立了均衡价格论。马歇尔认为，价值是指交换价值或价格。价格不能仅由市场中的一方确定，而应取决于供给和需求共同作用下的均衡价格，也即购买者的需求量刚好等于生产者的售卖量时的价格。在此价格上，市场处于供需均衡状态，因此该价格也被称为"均衡价格"，也就是商品的价值。

（1）市场价格法。市场价格法指直接将市场价格作为生态系统服务的交换价值，此时需要将市场价格进行一些调整，减去税收加上补贴，以获得生态系统服务的"净"价值。该方法适用于能够直接在市场上进行交易的生态系统服务产品，例如立木、作物和碳交易。户外娱乐场所的进入费用也可以在一定程度上使用此方法。

（2）资源租金法。资源租金指生态系统服务的使用者在扣除所有成本及正常收益后的剩余价值。估算资源租金的方法主要有三种，分别是剩余价值法、占有法以及访问定价法，其中最常用的是剩余价值法，其具体计算方法如图2.4所示。剩余价值法的理论依据是，企业的营业盈余是由生产资产的投资收益以及环境资产的收益共同构成（UN et al.，2014），能够反映生态系统资产生产商品或服务的回报（Obst et al.，2016）。其计算方法是，用经过税收和补贴调整的总营业盈余减去生产资产的使用成本。其中，生产资产的使用成本包括生产资产的固定资本消耗以及生产资产的正常资本回报两部分。该方法适用于能够在市场上进行交易的生态系统服务和供给服务（Obst et al.，2016）。

	总产出
−	中间消耗
	雇员报酬
−	其他生产税
+	其他生产补贴
=	总营业盈余
−	固定资本消耗（折旧）
−	生产资产的使用成本
−	自雇人员的劳动成本
=	资源租金

图2.4　资源租金法（剩余价值法）的计算方法

资料来源：笔者在UN et al.（2014a）基础上略有修改。

但是，采用资源租金法可能会高估或低估生态系统服务价值。例如，正常资本的回报率首先应考虑使用特定行业回报率的估计值，如果这是不可行的，则可以采用经过国内生产总值平减指数调整的长期国债利率，但该利率与某些行业的预期相比相对保守，可能会夸大由此产生的资源租金估计值（沈满洪，2016）；在一些市场，如渔业市场和供水市场，所收取的价格可能只够支付营业费用，很可能产生非常低甚至负的资源租金价值，这时会对生态系统服务价值进行低估。因此，若市场结构不合理致使所观察到的市场价格不包含相关生态系统服务的合理交换价值，那么采用资源租金法估计生态系统服务的价格是不合适的，需要考虑其他办法，例如替代成本法等。也可以从其他国家的研究中得出有关单位资源租金的一些估计值（Obst et al.，2016）。

（3）生产函数法。与资源租金法类似，生产函数法试图通过测度生态系统对生产过程的贡献来评估生态系统服务价值，仅适用于已经包括在

SNA 中的生态系统服务价值，不适用于估计非市场的生态系统服务价值。使用该方法有几种变形，例如可以将生产函数替换为成本函数和利润函数，主要通过使用假定的或估计的生产、成本或利润函数来确定生态系统对市场价格的贡献而获得价格。使用生产函数法需要大量数据，以便将有关的生态系统过程和经济产出与生态系统的范围和状况联系起来。原则上，只要生态系统服务是用于生产商品或服务的，那么所有类型的生态系统服务都可以使用这一技术进行估价。该方法很可能与供给服务的估价最相关，也可以用于估计特定的作为初级生产投入的某些调节服务的价值，例如水的调节。

（4）影子价格法。影子价格法常用于计算资源的价格。该方法以资源的合理分配为前提，以资源的有效利用为核心，以线性规划模型为方法，以获得最大的经济效益为目的，来求解资源的最优配置（何承耕，2002）。影子价格法最早由荷兰经济学家简·丁伯根提出，并于 1954 年将影子价格定义为"在均衡价格的意义上表示生产要素或产品内在的或真正的价格"，即资源得到最佳配置时的价格（胡文龙和史丹，2015）。该方法最初是用来求解一个目标最大化的线性规划问题，主要采用对偶理论来求最优解，其对偶解的一组价格就被称为影子价格。一个常用的影子价格求解例子如下（杨桂元和宋马林，2010）。

某企业用 m 种资源 $A_1, A_2, \cdots, A_m$ 生产 n 种产品 $B_1, B_2, \cdots, B_n$，m 种资源的投入限额分别为 $b_1, b_2, \cdots, b_m$，n 种产品的单位价格分别为 $c_1, c_2, \cdots, c_n$，每单位产品 B_j 对资源 A_i 的消耗量为 $a_{ij}(i=1,2,\cdots,m; j=1,2,\cdots,n)$。那么，应如何安排生产才能使总收益最大化？

根据该问题，建立线性规划模型：

$$(LP)\max Z = \sum_{j=1}^{n} c_j x_j \qquad (2-1)$$

$$\text{s. t.} \begin{cases} \sum_{j=1}^{n} a_{ij} x_j \leqslant b_j (i=1,2,\cdots,m) \\ x_j \geqslant 0 (j=1,2,\cdots,n) \end{cases} \qquad (2-2)$$

其中，x_j 为生产产品 $B_j(j=1,2,\cdots,n)$ 的数量。

该线性规划问题（LP）的对偶线性规划问题为：

$$(DLP)\min W = \sum_{i=1}^{m} b_i y_i \qquad (2-3)$$

$$\text{s. t. } \begin{cases} \sum_{i=1}^{m} a_{ij}y_i \leqslant c_i (j = 1,2,\cdots,n) \\ y_i \geqslant 0 (i = 1,2,\cdots,m) \end{cases} \quad (2-4)$$

对该线性规划问题求解可知，影子价格即为该线性规划对偶问题的最优解。其经济含义为，在其他条件不变的情况下，单位资源变化所引起的目标函数最优值的变化。y_i 作为第 i 种资源的影子价格，代表第 i 种资源在最优决策下的边际价值，并能够反映该资源的稀缺程度。

虽然影子价格能够较好地反映资源的经济价值，但是将该方法应用于实践，计算实际的资源价值仍存在较大困难。该方法以线性规划模型为计算方法，该模型需要大量的数据，实际中这些数据较难获得，且计算量较大（石薇，2018）。

2. 基于成本的估价方法

采用基于成本的估价方法的假设条件是价值至少等于成本。该方法主要通过评估由于生态系统服务的存在而避免的成本，特别是调节服务，如涵养水源、水过滤或空气的污染物吸收，主要包括替代成本法、避免损害成本法和恢复成本法三种形式。

（1）替代成本法。替代成本法又称重置成本法，该方法的使用前提是生态系统所提供的服务在一定程度上可以通过人造系统提供。那么，针对特定的生态系统服务，只需寻找一个能产生相同服务的人造系统，将该人造系统的建造成本和维护费用作为生态系统服务的价值。此时，人造系统可以说是生态系统的替代品，该替代品可以是一个消费项目（如一个家庭的空气过滤装置可替代树木的空气过滤服务），也可以是一个投入因素（例如针对草原生态系统提供的牧草供给服务，用高粱来取代无价格的草料），还可以是一个资本项目（如净水厂）。在上述情况下，如果替代品提供了相同的贡献，那么生态系统服务的价格就是，在替代品能产生与单位生态系统服务所提供的效益相同的情况下，替代品的成本（如一吨饲料的价格）。如果在一个区域（如一个农场）内应用，则可根据在该情况下使用的替代品的总成本来估计生态系统服务的价格。

在假设条件下，该方法仅在某些有限的情况下才有效：①替代项目必须提供相同或同等的商品或服务；②替代项目必须是提供同等商品或服务的最低成本的备选方案；③如果生态系统不再提供该项服务，人们愿意为替代品付费。例如上例中，高粱显然是牧场饲料的良好替代品，因为它比其他替代品（例如将牲畜转移到其他地方，或使用其他类型的饲料）更加便宜。又如，我们很难计算森林每年涵养水源给社会带来的收益，那么我们可以假设森林不存在，建造积蓄同等水量的水库所产生的投资、管理和运行费用，就可以作为该项生态系统服务价值的计算依据。

（2）避免损害成本法。使用避免损害成本法时，生态系统服务的价格是根据生态系统服务减少或丧失时所产生的损失或损害价值来估计的。与替代成本法类似，该方法假设如果生态系统不存在，或是处于某种比较糟糕的状态以至于无法产生这些服务，我们就会失去这些生态系统服务。为了获得该项服务的价格，应使用符合交换价值概念的方法来估计损害。避免损害成本法的有效性也取决于与上述替代成本法类似的条件。该方法最适合用于估计调节服务的价值，例如洪水控制、空气过滤服务和全球气候调节服务。

（3）恢复成本法。恢复成本法指将生态系统资产恢复到基准状况的估计成本。该方法并不提供个别生态系统服务的估价方法，而是对一篮子生态系统服务进行估价，用产生服务的成本来代替对生态系统服务价值的估价。该方法常被作为评估生态系统退化的手段，但在这方面的应用也存在一些问题。

基于成本的估价方法假定修复破坏或取代生态系统服务的支出是提供利益的有效措施。然而，成本通常不是对收益的准确衡量。其中，替代成本法主要用于评估单项生态系统服务价值，避免损害成本法和恢复成本法主要用于评估一篮子生态系统服务价值。在某些情况下，当生态系统服务无法提供时，可能失去的社会效益小于这些服务的重置成本，或者从增强的服务中获得的好处小于提供这些服务的替代方法。在这种情况下，避免损害成本法比重置成本法更适合于衡量生态系统服务价值。

3. 揭示性偏好法

揭示性偏好法又称替代市场法、显示性偏好法。某些非市场价值可能间接反映在消费者支出、销售商品和服务的价格以及某些市场活动的生产力上。因此，该方法主要通过观察到的行为和市场现有的信息，来估计人们对资源环境表现出的偏好，并对其进行价值估算。主要包括享乐价格法和旅行成本法两种（McConnell and Bockstael，2005；De Groot et al.，2012；

赵海兰，2015；Cheng et al.，2019）。

（1）享乐价格法。享乐价格法通常用于衡量与在特定地点为居民提供的舒适性有关的服务。一般来说，许多种生态系统服务都可以构成一些可以在市场上购买的产品的属性（如住宅房地产）。为了获得对这种属性效应的测量，房产的所有其他特征（包括大小、房间数量、中央供暖、车库空间等）都将进行标准化设置，并将其包括在分析中。由此，房产的特征就可分解为两大部分，即由生态系统特征（主要表现为各类生态系统服务）解释的部分和由房产的其余特征解释的部分。享乐价格法主要是从以市场为基础的交易中分离出生态系统服务价值，将资产的价值（如包括住宅和土地在内的房屋）分解成特征函数，并通过回归分析对每个特征进行定价，然后，再将计算出的生态系统存量价值转换成年度的流量价值。该方法隐含如下假设：生态环境的变化会影响资产的未来收益，因此在其他因素不变的情况下，资产的价值变化由生态环境质量的变化引起。这些价值变化并没有超出 SNA 的范围，因而可以用来计算生态系统服务的贡献。

该方法常用于评价大气污染、自然景观等对资产价格的影响。但该方法需要大量的资产特性数据和生态环境信息，计算结果的可靠程度也主要取决于这些数据和资料的完整性及准确性。使用享乐价格法的另一个挑战是必须清楚资产所附着的生态系统服务类型，可能包括不止一项生态系统服务，例如，房地产价格可能会包含当地的娱乐机会，或者空气质量的差异，以及直接的视觉舒适性，这方面仍需进一步研究。

（2）旅行成本法。旅行成本法是经济学中常用的估价方法，该方法根据游客对该地的显性偏好来估计游憩区域的价值。旅行成本法建立在对消费者需求理论扩展的基础上，利用旅行费用作为参观旅游景点的近似价格，并由此推导出需求曲线，得出游憩产品的消费者剩余，将其作为生态旅游景点的服务价值。旅行成本法常用来评估与休闲娱乐相关的生态系统服务价格，并采用消费者愿意支付的总额来估计生态系统服务价值，支付总额指消费者游览该休闲场所的总成本，包括交通费用、门票等，并可能包括旅行和参观该场所的时间机会成本。此外，使用该方法时要确保调查所得的费用数据是为了旅行而支出，例如，用户旅行是为了体验自然环境，而前往主要由非自然特征所组成的旅行点将夸大生态系统的贡献。

旅行成本的数据最好是在一个详细的水平上采集，并且考虑到被访问地点的不同特征。需求函数下的面积提供了所访问地点的福利价值的衡量，即该价值中包括消费者剩余。若出于生态系统核算的目的，则还需要计算相关生态系统服务（通常是与娱乐相关的服务）的交换价值。交换价值可以在使用旅行者成本法求出的需求函数的基础上，使用后面所述的模拟交换价值的方法进行估算。在没有估计出需求函数的情况下，交换价值也可根据汇总的旅行成本数据（如燃料）进行近似计算。在没有旅行成本数据的情况下，获得娱乐相关服务的交换价值的另一种方法是将相关消费支出相加（例如，使用旅游卫星账户的数据）。

（3）避免行为法。避免行为法是一种间接方法，主要用来评估个人为使身体更健康或避免不良的健康环境而愿意支付的货币数额。避免行为法是基于这样的假设：个人和社区为了防止或减轻不利的环境因素所造成的负面影响和损害，愿意给予一定的货币金额补偿。这种支出表明了对相关生态系统服务的重视程度。该方法常用于估计对健康造成危害的、与环境污染（如空气质量或水质）相关的生态系统服务价值。例如，为净化污水而产生的额外过滤费用、为避免吸入污染的空气而产生的空气净化费用等，都属于这种情况。

实际发生的支出被认为是对减少损害所获得收益的最低估计值，因为可以假设从避免损害中获得的收益至少要等于为避免损害而发生的费用。使用这种方法的优点是，估计发生的费用比估计所避免的环境损害要容易。缺点是，支出可能对环境质量的差异不是很敏感。此外，需要注意支出必须同具体的生态系统服务相一致，因为它们可能反映了服务的组合。同时，要确保支出只是反映避免环境影响而产生的成本，而非反映消费品位和消费偏好的问题。

4. 陈述性偏好法

陈述性偏好法并不利用人们在现有市场中的行为信息，而是利用问卷调查或实验的信息，通过要求人们陈述他们在假设情况下的偏好，来观察人们的可能反应。其使用范围较广泛，尤其是针对非使用价值。目前，陈述性偏好法发展迅速，从原理上讲，也可以用于估计整个需求曲线以及模拟的交换价值。主要包括条件价值评估法和选择实验法两种类型。

（1）条件价值评估法。条件价值评估法也称或有价值法。在条件价值评估法的问卷中描述了一个假设的市场，在这个市场上可以进行商品的交易。这个或有市场定义了商品本身，以及提供商品的制度背景特点。受访者被问及他们是否愿意支付货币或愿意接受该商品供应水平上的假设性变化，通常是问他们是否会接受一个特定的方案。假设受访者的行为就像他们在一个真实市场中的一样。

从而，该方法就能够通过调查来估计人们对某种生态系统服务的支付意愿，或是对某种生态系统服务损失可接受的赔偿意愿，并以该支付意愿或受偿意愿来估计生态系统服务的价格。该方法将支付意愿或受偿意愿看作对与环境潜在变化相关的福利变化的货币量度，适用于那些缺乏市场价值的自然资源价值评估，并且被认为是唯一可用于衡量自然资源非使用价值的评估方法。该方法的缺点是：通过问卷调查方法得到的支付意愿或受偿意愿的大小，取决于被调查者对该自然资源重要性的认识以及问题的设置；另外，调查结果的准确与否在很大程度上取决于调查方案的设计、被调查对象的态度等诸多因素，可信度较低；并且，该方法需要较大的样本量来保证调查结果的准确性，较大的样本量使得调查和分析工作费时费力。该方法是基于需求侧的价值评估方法，得出的自然资源价值包括消费者剩余（张志强等，2001）。

（2）选择实验法。选择实验法的基本思想是，给定一个假设的市场环境，利用问卷调查的形式，让受访者在几个备选选项之间进行选择（对生态系统服务而言，就是要求受访者从可选择的范围内选择不同水平的生态系统服务以及相应的生态系统服务价格），从而得到人们对特定资源环境的偏好（樊辉和赵敏娟，2013）。通过分析这些不同的特性组合的偏好，有可能获得个人对每个特性的价值倾向。问卷的选项是由该资源环境的一系列属性及不同状态所组成。选择实验法需要精心设计选项，并且这些选项要有助于揭示各种可能的影响因素。随后，该方法通过构造选择的随机效用函数，将选择问题转化为效用的比较问题，并采用效用最大化来体现受访者对所选集合中最优方案的选择，进而达到估计模型整体参数的目的。相比条件价值评估法，选择实验法能够从受访者处获取更多的信息来验证信息的一致性，可信度有所提高。

对陈述性偏好法而言，问卷设计非常严格，其最大的优点在于可以量化生态系统的非使用价值。其中，条件价值评估法和选择实验法的差别主要在于：前者通常直接询问受访者对资源环境的支付意愿或受偿意愿，以获取价值的直接表达；而后者则需要受访者在不同的备选选项之间进行权衡并作出选择，从而间接推断受访者对资源环境的估价。

总体来看，原始价值评估法能够根据实际的生态系统服务流，提供有关生态系统服务价值的最佳估计值。表2.1列举了上述常用的原始价值评估法及其数据需求。

表 2.1　　　　　　　常用的原始价值评估法及其数据需求

估价方法	适用生态系统服务	使用该方法的注意事项	数据需求
市场价格法	适用于与收获或提取有关的供给服务（例如，立木和作物），以及运行有效市场的排放交易（例如，碳排放权交易）	市场必须运行有效	市场价格和数量，可供选择的价格
生产函数法	适用于估计供给服务的价值，以及作为初级生产投入的某些调节服务的价值	估计相关的生产函数可能较为困难	实物投入产出关系和价格
资源租金法	主要适用于与收获或提取有关的供给服务（例如，与木材、鱼、作物、牲畜等有关）；可能也适用于文化服务，例如，固定业务提供的娱乐等文化服务	估值结果将受到生产的产权结构和市场结构的影响。例如，开放渔业和供水市场往往产生低租金或零租金	实物量生产函数、相关投入的详细数据、每项投入的边际产量、每项投入和产出的价格
替代成本法	适用于各种调节服务，例如，水调节、水净化和空气过滤	使用该方法需要了解生态系统功能支持下的服务供给，并能够找到提供相同服务的可比较的"生产"方法	每一种备选方案的成本现值
避免损害成本法	适用于调节服务	很难确定单项生态系统服务价值	生态系统服务减少可能造成的损失
恢复成本法	适用于一篮子生态系统服务价值的评估	应将其与替代成本法区分开来	恢复的成本
享乐价格法	最常用于房屋和土地价格信息的分解，与影响这些价格的生态系统服务相关。主要包括调节服务（例如，空气过滤）和文化服务（自然景观和舒适价值）	该方法需要大量的资产特性数据和生态环境信息	销售价格、对环境的测度、适当的位置变量等
旅行成本法	适用于文化服务，例如，休闲娱乐服务	要确保调查所得的费用数据是为了旅行而支出	旅行目的、旅行的行程数和位置、旅行的总成本

续表

估价方法	适用生态系统服务	使用该方法的注意事项	数据需求
避免行为法	最常用于能对健康造成危害的、与环境污染（例如，空气质量或水质）相关的生态系统服务价值的估计	使用该方法需要了解个人的偏好，并且很难将个人的活动与特定的生态系统服务联系起来	健康的衡量标准（例如，急性发病率）、环境状况、与人的居住有关的环境数据
陈述性偏好法	原则上适用于任何生态系统服务价值的评估，尤其是生态系统服务的非使用价值，但很少能分类进行评估	问卷设计是重要的一环。如何能让受访者清楚感受到生态系统服务所带来的效益是一个挑战	个人调查数据，例如，随着生态系统服务的变化而愿意多支付和少支付的价格

资料来源：笔者整理。

5. 模拟交换价值法

为了能够更好地与国民经济核算体系中以市场为基础的价格进行对比，卡帕罗斯等（Caparrós et al.，2003，2017）和坎波斯等（Campos et al.，2019）还提出了模拟交换价值法。该方法估计了如果生态系统服务在一个假设的市场上进行交易时的价格和数量。该方法基于已知或假设的市场结构，采用估计的供给曲线和需求曲线对市场进行模拟，进而求出相应的交换价值。供给曲线和需求曲线可以根据前面所提到的一些估价方法得到，例如，供给曲线可以采用生产函数法、替代成本法、资源租金法等求得，需求曲线通常可采用旅行成本法或陈述性偏好法求得。同时，在求解交易数量和价格时还应考虑市场结构，也就是对应的制度背景。

（二）价值转移法

随着学者们对生态系统服务价值评估的需求日益增加，人们发现，在实践中，受到时间、成本等因素的限制，上述价值评估方法仅适用于小规模范围内的价值评估，较大范围的价值评估基本无法完成。或者说，相较于较高的评估成本而言，并非所有的价值评估都有必要。因此，亟需一种较为方便快捷的方法，来应对大范围的估值需求。正是在这种背景下，学者们开始尝试将已有的价值评估结果转移到所要研究的区域。这个过程被称为效益转移，也叫作价值转移。

价值转移法是大规模生态系统服务价值评估研究中常用的方法，其优点是可以大幅度地节约价值评估中需要进行实地考察的时间、人员及其相关成本。价值转移法首先从先前学者的研究（通常被称为研究地，study site）中获取价值评估结果，进而构建一个科学的价值转移模型，随后将转移价值应用在所要研究的目标区域（通常被称为政策地，policy site）。由于价值转移是一种无论从成本还是时间上来看都颇为有效的方法（Grammatikopoulou and Vackarova，2021），因此被广泛用于估算全球或区域等大范围的生态系统服务的价值。

1. 价值转移法的类型

常用的价值转移方法主要有三类，分别是单位价值转移法、价值函数转移法和 Meta 分析函数转移法。

（1）单位价值转移法。单位价值转移采用生态系统服务货币价值的单一估计值，或来自不同研究地的几个价值估计值的平均值，来估计政策地的生态系统服务的价值。由于研究地和政策地之间通常会存在一些差异（例如社会经济和人口特征差异、生态系统物理特征差异、距离差异、偏好差异），通常会对这些差异进行一些调整。例如会采用人均收入或收入弹性对单位转移价值进行调整。

（2）价值函数转移法。采用该方法主要是从一个研究区域的研究成果中估计出一个函数，并将其应用于其他区域的研究中，在此过程中要考虑到影响单位价值的各种因素。因此，一个价值函数可能包含的因素有研究地的物理特征、不同地点的人口年龄结构和人口密度的差异等。

无论是单位价值转移，还是价值函数转移，都是假设研究地和政策地之间在地理位置、资源属性、人口统计特征等方面具有较高的相似性，但在实际中，两个研究地之间很难满足这些假设条件，因此基于上述两种方法进行的实证研究的转移误差较大（赵玲和王尔大，2011）。

（3）Meta 分析函数转移法。Meta 分析函数转移法通过采用一系列现有的主要研究成果（研究地），估计出一种函数关系，该函数能够给出生态系统服务价值随研究地位置、属性和人口规模等特征的变化情况。Meta 模型被估计出来后，研究者就能够根据该函数来估计政策地的生态系统服务价值。

Meta 分析函数又以线性 Meta 回归模型最为常见，近些年也有很多学者开始采用对数或二次函数的形式进行非线性效应的可行性研究（周鹏等，2019）。基于 Meta 分析的价值转移函数的一般形式可以写作（赵玲和王尔大，2011）：

$$V_p = f_s(Q_{s/p}, X_{s/p}, M_{s/p}) \qquad (2-5)$$

其中，V 为生态系统服务价值，p 为政策地，s 为研究地，$Q_{s/p}$，$X_{s/p}$，$M_{s/p}$ 是以研究地样本为基础调整的符合政策地特征的各个解释变量矩阵，其中 Q 为生态系统的地理特征，X 为生态系统的类型，M 为生态系统服务价值的评估方法。通过该公式，就能够利用研究地的生态系统服务价值得到政策地的生态系统服务价值。同时，还能够根据可获得的研究地各变量样本容量情况，增加人口统计特征等变量。

通过价值转移方法，不仅能够评价各项研究间异质性的大小及来源，还便于从国家层面上估计生态系统服务价值。用于评估生态系统服务价值时有如下三个步骤。首先，需要对生态系统进行全面分类，了解国家生态系统的分布情况。其次，建立生态系统服务价值数据库，以提供关于生态系统服务的可用估计信息。最后，应用价值转移方法，使生态系统服务价值能够应用在全国层面上。

相对于直接获取初级资料的其他价值评估方法而言，价值转移法的缺点主要在于其价值转移结果的可靠程度在很大程度上取决于选用研究地的原则、数量和研究结果的质量，以及所采用的价值转移模型的科学性。因此，价值转移法并不能完全替代实地的调查研究。但是大量的研究发现，增加研究地和政策地之间在资源属性和人口统计等方面的一致性，并对其间的差异进行科学的调整，就能够最大限度地减少价值转移法的误差。同时，选择适当的函数形式，也可以提高价值转移法的有效性（赵玲和王尔大，2011）。价值转移法的有用性在 20 世纪 90 年代初就得到了美国环境保护署（Environmental Protection Agency，EPA）的认可，当时 EPA 使用简单的价值转移方法来进行监管影响评估。从那时起，价值转移法得到了不断的发展和完善（Rosenberger and Johnston，2009；Boyle et al.，2013）。

2. 价值转移法的应用

目前，国内已有部分学者利用 Meta 分析的方法进行生态系统服务价值转移研究，如森林生态系统（漆信贤等，2018；邬紫荆和曾辉，2021）、湿地生态系统（张玲等，2015；徐贤君，2015；杨玲等，2017；李庆波等，2018）等，并取得了较好的模拟结果。其中，生态系统服务涉及游憩价值、非林木林产品、水源涵养、土壤保持、空气净化等。

在欧盟、美国和其他地方，早期的知名应用是美国林务局为施行 1990 年资源规划法而制定的资源定价和估值指南，以及美国陆军工程兵团 1991 年建立的用于军团水库游憩价值转移的区域需求模型（周鹏等，2019）。现在，价值转移也被应用于几乎所有的大规模的效益成本分析。例如，德格鲁特等（2012）基于 ESVD 数据库中 244 个观测值对全球陆地湿地生态系统服务价值进行了 Meta 回归分析，其中研究地面积、人均 GDP、人口数量等指标呈较高的显著性。拉奥等（Rao et al.，2015）评估了全球沿海生态系统服务中的海岸线保护价值。除此以外，价值转移还被应用于支付意愿的估计、弹性的测量或需求关系的测度等。

3. 价值转移法数据库

价值转移方法的应用在很大程度上依赖于数据库的建设和支持。价值转移法数据库收录了学者们针对各类不同生态系统资产、涉及各项生态系统服务价值的研究案例。设计标准化的数据库既是实现价值转移，并充分发挥其在大规模价值评估上优势的必要环节，也是未来开发新的综合模型的数据基础。因此，数据库的构建与共享具有十分重要的意义。

目前，我国尚缺乏这种大规模的数据库，因而相对国外研究而言，国内进行价值转移研究的学者较少，其数据通常来源于自己的收集和整理（邬紫荆和曾辉，2021）。在全球范围内，目前已有不少地区创建了丰富的数据库，如表 2.2 所示。这些数据库可为我国学者构建生态系统服务的基础数据资料提供框架参考。

表 2.2　　　　　生态系统服务评估数据库

数据库	简介	参考文献
EVRI	收录逾 2000 多个案例，为目前所知最大的全球在线价值评估数据库之一	Johnston and Thomassin（2009）
ESVD	是"生态系统和生物多样性经济学"（TEEB）数据库的后续，包含基于 955 个研究的 4820 条记录值（截至 2020 年 12 月）	De Groot et al.（2020）
MESP	收录了 1053 个全球海洋生态系统服务的评估值并制作为开放检索的在线平台	Vegh et al.（2014）
NZNMVD	整合了新西兰 167 个有关游憩、污染、美学等 7 种主要服务类型的研究案例	Kerr（2011）
BUVD	收录北美地区水资源效益的 131 个研究	Pendleton et al.（2007）

数据库	简介	参考文献
RUVD	收录北美地区游憩价值的 421 个研究	Rosenberger and Stanley (2006)
GecoServ	收录墨西哥湾约 486 个研究	Plantier-Santos et al. (2012)
GEVAD	收录欧洲 49 个国家 317 个研究	Damigos and Kaliampakos (2006)

注：EVRI（Environmental Valuation Reference Inventory）：环境估值参考清单；ESVD（Ecosystem Services Valuation Database）：生态系统服务评估数据库；MESP（Marine Ecosystem Services Partnership）：海洋生态系统服务合作联盟；NZNMVD（New Zealand NonMarket Valuation Database）：新西兰非市场估值数据库；BUVD（Beneficial Use Values Database）：效益使用价值数据库；RUVD（Recreation Use Values Database）：游憩使用价值数据库；GecoServ（Gulf of Mexico Ecosystem Service Valuation Database）：墨西哥湾生态系统服务评估数据库；GEVAD（Greek Environmental Valuation Database）：希腊环境评估数据库。

资料来源：笔者在周鹏等（2019）的基础上略有修改。

4. 价值转移法有效性检验

价值转移法究竟能够在多大程度上替代传统的估价方法，来对生态系统价值进行估价，一直以来都是学者们在采用该方法时受到的最大质疑。赵玲和王尔大（2011）通过检验真实值和预测值之间的一致性，来对该方法的有效性进行检验。主要包括检验真实值和预测值之间的一致性、检验真实值和预测值均值之间的一致性，以及检验真实值和预测值分布的一致性三个方面。

检验真实值和预测值之间的一致性主要是通过计算真实值和预测值之间的误差大小来判断。误差反映了生态系统服务价值的真实值和预测值之间的相对差额，用 ET 来表示。ET 越小，说明价值转移方法的有效性越好。ET 的计算公式如下所示：

$$ET = \frac{\hat{y} - y_i}{y_i} \times 100\% \qquad (2-6)$$

其中，$\hat{y}$ 为估计值，y_i 为真实值。

检验真实值和预测值均值之间的一致性主要是通过配对样本 t 检验，原假设是真实值和预测值的均值是一样的；检验真实值和预测值的分布是否一致主要是采用单样本 K－S 检验，原假设是来自总体的真实值与预测值都跟正态分布无显著性差异。

(三) 单位面积生态系统价值当量因子法

从原理上来说，单位面积生态系统价值当量因子法其实也是价值转移方法的一种，属于单位价值转移。该方法在我国应用较为广泛。谢高地等（2015a）基于扩展的劳动价值论，提出了单位面积生态系统价值当量因子法。当量因子法是在区分不同类型生态系统服务的基础上，通过建立一种可量化的标准来推断不同类型生态系统服务的价值当量，最后再结合各类生态系统的分布面积以对不同生态系统服务进行评估的方法。该方法的关键之处在于 1 个标准生态系统生态服务价值当量因子如何设定，以及如何确定其他类型生态系统所产生的各种生态系统服务的当量。

1. 当量因子的确定

谢高地等（2015a）将 1 个标准生态系统生态服务价值当量因子定义为 1 公顷全国平均产量的农田每年自然粮食产量的经济价值，其目的在于测度生态系统对生态系统服务贡献的相对大小。由于在全国尺度上，无法完全排除人为因素的干扰，准确衡量农田仅仅凭借自然过程而产生的粮食价值，故而将单位面积农田生态系统生产粮食所产生的净利润当作 1 个标准当量因子的生态系统服务的价值量。

农田生态系统粮食价值的计算主要依据稻谷、小麦和玉米这三大粮食主产物得到，其计算公式如下：

$$D = S_r \times F_r + S_w \times F_w + S_c \times F_c \qquad (2-7)$$

其中，D 代表 1 个标准当量因子的生态系统服务价值，单位为元/公顷；S_r、S_w 和 S_c 分别代表 2010 年稻谷、小麦和玉米的播种面积占这三种农作物播种面积的百分比，单位为%；F_r、F_w 和 F_c 分别代表 2010 年稻谷、小麦和玉米这三种农作物的单位面积平均净利润，单位为元/公顷。根据《中国统计年鉴 2011》以及《全国农产品成本收益资料汇编 2011》，计算得到 2011 年的 D 值为 3406.5 元/公顷（谢高地等，2015b）。

2. 单位面积生态系统服务当量因子表

在确定了上述标准当量之后，谢高地等（2015a）以现有的生态系统服务价值评价研究为基础，在广泛梳理了国内以实物量计算方法为主的生态系统服务价值评价结果后，结合遥感影像数据对植被净初级生产力指数和生物量的模拟分析，并根据专家经验修订得到了中国各类生态系统单位面积年产生态系统服务的价值当量表，如表2.3所示。

表2.3　中国单位面积生态系统服务当量因子

生态系统类型		供给服务			调节服务				支持服务			文化服务
		食物生产	原料生产	水资源供给	气体调节	气候调节	净化环境	水文调节	土壤保持	维持养分循环	生物多样性	美学景观
农田	旱地	0.85	0.40	0.02	0.67	0.36	0.10	0.27	1.03	0.12	0.13	0.06
	水田	1.36	0.09	-2.63	1.11	0.57	0.17	2.72	0.01	0.19	0.21	0.09
森林	针叶	0.22	0.52	0.27	1.70	5.07	1.49	3.34	2.06	0.16	1.88	0.82
	针阔混交	0.31	0.71	0.37	2.35	7.03	1.99	3.51	2.86	0.22	2.60	1.14
	阔叶	0.29	0.66	0.34	2.17	6.50	1.93	4.74	2.65	0.20	2.41	1.06
	灌木	0.19	0.43	0.22	1.41	4.23	1.28	3.35	1.72	0.13	1.57	0.69
草地	草原	0.10	0.14	0.08	0.51	1.34	0.44	0.98	0.62	0.05	0.56	0.25
	灌草丛	0.38	0.56	0.31	1.97	5.21	1.72	3.82	2.40	0.18	2.18	0.96
	草甸	0.22	0.33	0.18	1.14	3.02	1.00	2.21	1.39	0.11	1.27	0.56
湿地	湿地	0.51	0.50	2.59	1.90	3.60	3.60	24.23	2.31	0.18	7.87	4.73
荒漠	荒漠	0.01	0.03	0.02	0.11	0.10	0.31	0.21	0.13	0.01	0.12	0.05
	裸地	0	0	0	0.02	0	0.10	0.03	0.02	0	0.02	0.01
水域	水系	0.80	0.23	8.29	0.77	2.29	5.55	102.24	0.93	0.07	2.55	1.89
	冰川积雪	0	0	2.16	0.18	0.54	0.16	7.13	0	0	0.01	0.09

资料来源：谢高地等（2015a）。

3. 生态系统服务价值

在得到 1 个标准生态系统生态服务价值当量因子以及单位面积生态系统服务当量因子表之后，就可以计算得到各个类型生态系统所产生的不同种类的生态系统服务的价值，其具体计算公式为：

$$V_{ij} = D \times F_{ij} \qquad\qquad (2-8)$$

其中，V_{ij} 指第 i 类生态系统所产生的第 j 类生态系统服务的单位面积价值，单位为元/公顷；D 为 1 个标准当量因子的生态系统服务价值，单位为元/公顷；F_{ij} 指第 i 类生态系统所产生的第 j 类生态系统服务当量因子。

（四）综合的评估模型和工具

由于生态系统具有多样性和复杂性，任何一个细小的变化（例如降水）都可能对其生产生态系统服务的能力产生影响。加之人类对生态系统服务价值评估的要求越来越高，原始的价值评估已经很难满足人们日益多样化的评估需求。随着原始价值评估与 BT 方法的不断集成，加上空间制图等技术的不断发展和引入，目前已形成了众多的综合评估模型和工具，如表 2.4 所示。这些模型和工具不仅能够计算生态系统服务的价值，还将可视化成为可能，这在一定程度上又进一步推进了不同类型评估方法的兼容。尽管这类模型提高了价值评估的精确性和可移植性，但同时也增加了价值评估的复杂程度。

表 2.4　　　　　　　　生态系统服务综合评估模型和工具

工具	简介	参考文献
InVEST	InVEST 是基于 GIS 平台的生态系统服务定量化评价模型，能够反映生态系统的结构和功能的变化如何对陆地或海洋景观的生态系统服务流量和价值量产生影响。该模型以生产函数为基础，基于土地覆被等空间数据，对不同土地利用/覆被下的各项生态系统服务进行模拟量化。适用于局部、区域以及全球规模的生态系统评估，是目前国内应用最为广泛的模型	赵宁（2020）
ARIES	ARIES 项目提出了"服务路径属性网络"（service path attribution networks，SPANs）模型，能够集成地理学、生态学的常用模拟模型，利用贝叶斯概率模型，模拟生态系统服务从供给区到收益区的流动过程。目前，ARIES 网站列出其已经开发了包括碳汇和碳储量、淡水供给、海岸洪水调节、沉积物调节、洪水调节、美学景观等 8 项生态系统服务模拟模块，并能够将其应用于不同区域的生态系统服务流动模拟之中	Villa et al.（2014） Capriolo et al.（2020） 马琳等（2017） 肖玉等（2016）

续表

工具	简介	参考文献
IMAGE	该模型是荷兰环境评估署（PBL）授权 IMAGE 团队开发的。该模型对不同学科、生态系统及其评价指标进行整合，评估人类活动对自然生态系统的影响，分析并确定生物多样性变化的原因和驱动力，用于分析大尺度、长期的自然变化和人类社会可持续发展的交互作用，是一个人类与自然相互作用的综合建模框架	李婷和吕一河（2018）曹铭昌等（2013）
MIMES	旨在评估生态系统服务功能和人类活动相关的动态分析框架。MIMES 整合了不同类型的知识，阐明了生态系统服务的利益是如何获得和丧失的。MIMES 阐明了材料如何在自然、人类、建筑和社会资本之间进行转化。MIMES 详细列出了多种生态和人类动态变化，并且可以通过不同的时间和空间视角来理解结果输出，以评估不同行动在短期、长期以及不同空间尺度上的影响	Boumans et al.（2015）

注：InVEST（integrated valuation of ecosystem services and tradeoffs）生态系统服务与权衡综合评估模型；ARIES（artificial intelligence for ecosystem services）：生态系统服务人工智能；IMAGE（integrated model to assess the global environment）：全球环境评估综合模型；MIMES（multiscale integrated models of ecosystem services）。

资料来源：笔者在马琳等（2017）、周鹏等（2019）、赵宁（2020）等的基础上整理得到。

（五）估值方法评价

总体来看，原始价值评估法能够根据实际的生态系统服务流，提供有关生态系统服务价值的最佳估计值。不过，随着应用范围的不断扩大，原始评估法也展现出了越来越多的局限性。例如，随着研究范围的扩大，生态系统服务的实物流量信息获取难度越来越大，数据采集成本越来越高，致使评估周期变长。并且，很多数据获取难度较大，往往不易被掌握。以我国应用较为广泛的《森林生态系统服务功能评估规范（LY/T 1721 - 2008）》为例，其中包括 14 类生态系统服务共计 6 种类型的原始评估方法，共涉及 50 多个参数，其中有 23 个以上参数需要实地测量或现场采样后通过实验分析才能获得。而且评估的范围越大，需要实地测量的参数也就越多。除此以外，原始价值评估法中所包括的估价方法较多，对于同一种类的生态系统服务，可能适用于好几种价值评估方法。如此难以形成统一的评估标准，致使不同地区的生态系统服务价值难以进行比较。

价值转移方法是对数据的二次利用。采用该方法的主要目的是在不易采集原始数据的地方，通过匹配待评估地的其他环境信息，构建相应的模型，对该地的生态系统服务价值进行估算，采用该方法能够在很大程度上提高评估的效率，并能够节约成本。其中，基于单位生态服务产品价格的计算方法较为简单，误差较大，但相对而言更易于大范围尺度上的应用。

综合的评估模型和工具将不同测度模式中的多种方法进行组合，其优点在于可以在大规模尺度上给出较为精确的计算结果，这种预测结果是上述两种方法（原始价值评估法和价值转移法）都无法做到的，但缺点在于对数据要求较高，且模型过于复杂。以 InVEST 模型为例，该模型需要在 ArcGIS 平台中使用，其中的模型共有三个主要类别：支持服务、最终服务和工具。以计算最终服务中的气候调节服务为例，该模块的计算需要四种基本的碳库数据——地上生物量、地下生物量、土壤和死亡的有机物质。且该数据必须为地理空间数据，缺少任何一个数据都无法完成模型的运算。

时值我国处于大力推进生态文明建设的关键节点，我国正在努力建立健全生态产品价值实现机制，以践行"绿水青山就是金山银山"的生态理念。这也推动了在全国范围内的不同尺度下对生态系统服务的评估需求。

事实上，无论是原始价值评估法也好，还是基于价值转移的估价方法，抑或是综合的评估模型和工具，其基本的评估方法和原理并不冲突，实质上都需要以生态系统的生物物理过程模型和生态系统变化驱动力模型为基础。由于评估的精度和范围尺度不同，价值转移和原始评估方法并不能相互替代，而采用综合的评估模型和工具是对上述两种测度模式的发展和创新运用，也同时平衡了各自的受限之处，但对数据的要求更为严格。因此，这三类方法应在特定的场景和需求中进行选择与取舍。

二、生态系统资产的估价方法

在生态系统核算中，学者们普遍采用净现值法来估计生态系统资产的价值。净现值是将预计在未来获得的收入流折算到当前的核算期间所得到的资产价值。在生态系统核算中，它是通过汇总生态系统资产所提供的每项生态系统服务的预期未来收益的净现值得到的。使用净现值法意味着生态系统资产的价值将与提供生态系统服务的能力以及该能力在未来的预期变化有关。提供生态系统服务的能力和能力的预期变化也将揭示关于生态系统资产预期寿命的信息。如果产生的生态系统服务被认为是可持续的，即没有预期的损失状况，那么资产的寿命将是无限的。

净现值法将存量信息同流量信息联系起来，通过流量价值来对存量价值进行估算，是资源价值评估中使用最为普遍的方法，受到 SEEA 和世界银行的推荐。其基本思想是，通过选择适当的折现率，将被评估资产的未来预期净收益流折现到估价时点并累加，该累加值就是该资产在该时点的价值。净现值的计算公式可以表示为：

$$V_p = \frac{R_1}{(1+i_1)} + \frac{R_2}{(1+i_1)(1+i_2)} + \cdots + \frac{R_n}{(1+i_1)(1+i_2)\cdots(1+i_n)}$$

$$(2-9)$$

其中，V_p 为被评估资产的净现值，$R_i(i=1,2,\cdots,n)$ 为该资产在第 n 期的预期净收益，对生态系统而言就是生态系统服务价值，在某些情况下可以用资源租金来替代。$i_n(i=1,2,\cdots,n)$ 为每期的折现率。在实际应用时，如果假设每期的折现率相同，净现值公式就可以写作：

$$V_p = \sum_{t=1}^{n} \frac{R_t}{(1+i)^t}$$

$$(2-10)$$

更一般地，若每期的预期净收益和折现率都相等，则净现值公式可以写作：

$$V_p = \frac{R}{i}$$

$$(2-11)$$

根据以上公式，生态系统资产的价值主要取决于三个方面：一是预期收益，也就是生态系统服务价值 R_n；二是折现率；三是预期资产寿命。资源租金是生态系统的使用者在减去所有成本及正常回报后的剩余价值，即归于生态系统资产的那部分收益[①]。

目前，主要有三种方法用于估算资源租金，分别是剩余价值法、占有

---

① 从收入角度看，资源租金等于收入减去中间消耗、劳动力成本和固定资产的使用者成本。其中，固定资产的使用者成本由固定资产折旧和资本成本构成。其中，资本成本为固定资产的机会成本（Sumarga et al.，2015）。

法和访问定价法，其中最常用的是剩余价值法。

剩余价值法（也称残值法）的基本思路是，企业的营业盈余由生产资产的收益和生态系统资产的收益共同构成，其中，营业盈余能够反映生态系统资产生产市场产品的回报。其计算方法是，用经过税收和补贴调整的总营业盈余减去生产资产的使用成本，就能得到生态系统资产的收益。其中，生产资产的使用成本由两部分组成，分别是生产资产的固定资本消耗以及生产资产的正常资本回报。

占有法利用向生态系统所有者支付的实际款项来估算资源租金。在许多国家，政府都是合法的生态系统资产所有者，有权收缴它们所拥有的生态系统因开采而产生的全部资源租金。资源租金的收缴，一般有收费、税收和特许权使用费等形式。但政府在设定税费的时候，也可能会考虑一些其他因素，比如鼓励开采行业的投资和就业。因此在使用该方法时，应将政府的这些动机予以考虑。

访问定价法基于这样一个前提，政府通过颁发许可证和配额制度限制对生态系统的使用，当许可证可以不受控制地进行自由交易时，就可以用权利的市场价格估计相关资产的价值。该方法的理论依据是，在自由交易的市场，权利的价值应该等于获得的未来收益价值。该方法在林业和渔业中较为常见。这种方法的使用前提是生态系统的获取权可以在市场上自由交易，若这些权利的交易受到限制或被禁止，则不能使用该方法。从理论上讲，采用这三种资源租金估算方法应该会得到相同的估计值，但后两种方法易受国家制度的影响，因此采用这三种方法得出的估计值会存在一定差异。并且，资源租金法认为，生态系统资产的价值是企业的营业盈余在扣除其他形式资本贡献后的剩余部分，但若剩余部分的价值很低，甚至为负，可能就不适用资源租金法。

折现率反映了一种时间偏好，表明资产的所有者更愿意在当下获得收入，而非未来。这也反映了资产所有者对待风险的态度。折现率的确定主要有三种方法：一是比照行业的平均报酬率，将行业的平均报酬率作为折现率；二是将资源企业生产资产的资本报酬视为获取该生产资产的融资成本，并以其发行债券的利息率或发行股票的报酬率作为折现率；三是将投资于生产资本的机会成本作为折现率，一种可行的方法是将建立在政府长期债券利息基础上的利息率作为资本的机会成本，即折现率（张宏亮，2007）。通常，相对于整个社会而言，个人和企业倾向于享有更高的时间偏好，因此有更高的折现率。但为了确保估价与市场的一致性，建议以市场为基础的折现率等于假定的资产收益率。从各国的应用实践上看，在目前应用较为广泛的对矿产和能源的价值核算中，选择的折现率基本上是4%左右（石薇和李金昌，2017）。

第四节　生态系统核算内容与核算框架

一、生态系统核算内容

（一）核算内容

生态系统核算是一套综合的核算方法，包含一套连贯一致的概念、分类和方法，以体现环境经济核算和国民经济核算之间的契合和衔接（高敏雪，2018）。在生态系统核算中，每个生态系统资产都按照类似于SNA中生产资产的核算方式进行核算。SNA记录生产资产的经济价值及其变动情况，生态系统核算同样也要记录生态系统资产的存量和流量情况。因此，生态系统的核算内容覆盖生态系统，以及生态系统向经济体系和其他人类活动所提供的生态系统服务这两个基本方面，并以此为依据刻画生态系统资产存量与生态系统产出之间的关系。

因此，生态系统核算主要包含两部分内容：一是生态系统资产；二是生态系统服务。前者用以表征特定时点上的生态系统存量，后者作为生态系统资产在特定时期内的产出，能够显示生态系统对经济体系及其他人类活动的贡献。两方面合起来构成了一个基本的"存量—流量"核算框架。

其中，生态系统存量核算是指对生态系统资产的核算，每一生态系统资产都有其特定的生态系统特征，如土地覆盖类型、生物多样性、土壤类型、海拔和坡度、气候等。这些特征描绘了生态系统所处位置、运行过程（UN et al.，2014）和结构（Bateman et al.，2010）等。生态系统资产核算内容包括生态系统资产的范围和状况，以及生态系统退化（Obst et al.，2016）。

与生态系统有关的流量有两种：第一种流量是生态系统资产内部和生态系统资产之间的流量，反映了持续的生态系统进程，体现了生态系统之间的相互依赖程度；第二种流量是人类活动与生态系统资产之间的流量，反映了人类活动对生态系统资产的利用程度，如图 2.5 所示。

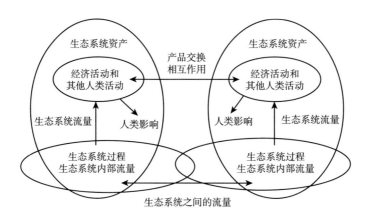

图 2.5   生态系统存量和流量的基本模型

资料来源：UN et al.（2014b）。

图 2.5 反映了生态系统核算中，存量和流量、生态系统内部流量和生态系统之间流量的相互作用关系。该图只是一个简化的基本模型，实际情况要远比这个复杂。该模型既可以用物理量形式予以描述，也可以用价值量形式予以描述。在该模型中，每一个生态系统资产都代表一个特定的空间区域，在该空间区域内有经济活动和其他人类活动的发生。生态系统资产通过生态系统过程影响经济活动和人类活动，生态系统资产之间以及生态系统资产内部的相互影响也通过生态系统过程予以实现。同时，人类也能够对生态系统资产产生影响。

我们通常将人类利用的这部分生态系统流量称为最终生态系统服务。联合国环境规划署将生态系统服务总结为生态系统为人类提供的价值流，是自然资产状态和质量的结果。

从生态系统资产和生态系统服务的关系上来看，前者体现生态系统产生生态系统服务的能力，后者体现当期的实际产出。前者是后者的基础，而后者在一定情况下会影响前者，进而导致生态系统资产及其产生生态系统服务能力的变化。因此，从核算角度而言，对生态系统服务的核算和生态系统资产的核算，二者缺一不可，并且二者之间能够相互影响。因此，综合而言，生态系统核算的内容主要包括两个部分：一是记录一个核算期间生态系统资产的存量和变化情况；二是记录以生态系统服务形式从该资产的流出。当然，任何核算期间的生态系统服务流量都与生态系统类型、规模、范围、状况，以及对生态系统的利用水平有关。

对生态系统资产进行核算先要确定核算范围。生态系统可以在不同的空间尺度上进行识别。例如，一个小池塘可以被视为一个生态系统，一个绵延数百万公顷的草原也可以被视为一个生态系统。并且，生态系统通常是相互关联的，存在着嵌套和重叠。因此，核算的范围不仅关系到生态系统被识别的程度，还决定着一个区域的生态系统资产类型。

（二）与其他经济核算的关系

1. 生态系统核算与环境经济核算的关系

生态系统核算和环境经济核算共同提供了一个丰富而全面的框架，用于组织有关环境和经济关系的数据。它们相辅相成，两者都反映了对 SNA 核算原则的扩展。

首先，环境经济核算提供了一套基本的概念、定义和分类方法，以支持实物流（来自环境的自然投入和流向环境的残余物，如水、能源、空气排放、固体废物）、环境交易（如环境税、环境补贴和环境保护支出），以及个别环境资产（如矿产和能源资源、木材、鱼类、土地、土壤和水）的综合核算，这些概念、定义、核算方法及核算账户为生态系统核算提供了方法参考和数据支撑。

其次，从对实物量的核算上来看，环境经济核算中记录的环境流量也与生态系统核算中的相关数据存在一定联系。例如，环境经济核算对来自环境的自然投入（例如，关于未开垦的木材）的记录与生态系统服务的测度相一致，而对流出残余物的量化（例如过量氮的排放）也与生态系统服务的流动相关（空气过滤服务和水净化服务）。从经济体系流出的残余物通常会表明环境的压力，而这些压力则可能是导致生态系统状况变化的原因。除此以外，在环境税、环境补贴、环境保护支出和生态系统状况的变化上，环境资产（如木材和鱼类）的货币价值和生态系统资产的货币价值之间，都能够找到一定联系。

最后，生态系统核算数据也能为环境经济核算提供依据。环境经济核算的目标之一就是通过对环境资产使用成本的扣除，推导出经过调整的增加值和社会财富。生态系统核算中同样考虑到了这一目标，并将生态系统退化作为反映生态系统服务的未来流量损失的衡量标准。这在一定程度上补充了 SEEA2012：CF 中关于自然资源耗损的定义和衡量标准。

2. 生态系统核算与国民经济核算的关系

为了同国民经济核算保持一致并可比，生态系统核算在很大程度上沿用了国民经济核算的基本原则、估价原则以及相关概念等，但也对国民经济的相关概念和核算范围进行了相应的调整。同国民经济核算相比，生态系统核算涵盖了更为广泛的资产边界，体现了环境经济核算对环境资产的定义，认为环境资产是地球上自然发生的生物和非生物的组成部分，共同构成生物物理环境，并且能够为人类提供利益。

生态系统核算和国民经济核算的一个关键区别在于对生态系统服务的测度上。在国民经济核算中，这些生态系统服务被认为是在生产边界之外。而生态系统核算则记录了当前并没有在 SNA 的生产边界内记录的生态系统服务。

生态系统核算与国民经济核算之间的联系在于，生态系统核算能够提供一种符合 SNA 概念和原则的生态系统贡献评估方法，通过测度生态系统服务的实物量和价值量信息，将其计入总的增加值或国民财富中来，编制更广泛的产出、收入和消费指标，能够弥补国民经济核算数据的不足。

除此以外，可以通过开发生态系统核算账户，建立其与经济单位之间的联系，包括生态系统服务的供应和使用情况。由此，可以记录不同经济单位对生态系统服务的使用情况。

二、生态系统核算框架

对生态系统进行核算应该首先考虑生态系统的位置和功能。一个生态系统位置的关键空间属性信息是它的范围、大小（面积）、空间构造（各种组成成分在生态系统中是如何安排和组织的）、生态系统所处的景观形式（如山区和沿海地区）、气候特征以及相关的季节性特点；生态系统功能的关键属性是其非生物成分（如土壤、空气、阳光和水）、生物成分（如植物群、动物群和微生物）、结构（如生态系统内的营养层）、过程（如光合作用、分解）和功能（如营养物的循环和初级生产力）。这些信息能够通过生态系统范围账户以及生态系统状况账户予以反映。生态系统范围账户主要是以面积来衡量每个生态系统资产的大小；生态系统状况账户主要是指以非生物和生物特征衡量的生态系统的质量。由于生态系统本身是一个空间结构，因此除了能够以核算账户形式体现生态系统的范围和状态以外，还能够以地图的形式呈现生态系统的地理位置以及生态系统资产的状况。

除此以外，生态系统核算账户还应记录生态系统同经济实体之间的交易情况。生态系统服务的供应和使用账户则能够展现生态系统资产（供应方）同个人或经济实体（使用方）之间的交易情况。

基于上述内容，生态系统核算体系由 5 类账户构成，分别是生态系统范围账户（实物量形式）、生态系统状况账户（实物量形式）、生态系统服务流量账户（实物量形式）、生态系统服务流量账户（价值量形式）、生态系统资产账户（价值量形式），如图 2.6 所示。这 5 类账户的内在联系为：(1) 生态系统范围账户和生态系统状况账户主要用来描述生态系统的特征，而生态系统的特征又将影响生态系统服务的供应，因此这两类账户又与实物量形式的生态系统服务流量账户相联系；(2) 通过生态系统服务价格数据将实物量形式生态系统服务流量账户同价值量形式的生态系统服务流量账户相联系；(3) 价值量形式的生态系统服务流量账户与生态系统资产账户之间存在联系，后者需要用未来的生态系统服务流来估算。

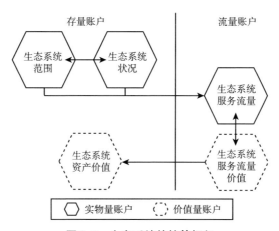

图 2.6　生态系统的核算框架

资料来源：UN（2021）。

根据生态系统结构、过程和功能的差异，目前中国将生态系统主要划分为陆地生态系统型和海洋生态系统型，其主要目的是方便研究和管理。鉴于数据、时间、能力等各种因素，本书所构建的核算框架仅围绕陆地生态系统开展。

图 2.7 展示了中国陆地生态系统核算框架。其中，陆地生态系统范围账户（见图 2.7 中（a））能够体现不同类型生态系统的面积变化情况。陆地

生态系统状况账户（见图 2.7 中（b））能够展示生态系统的特征以反映生态系统的完整性，特别是那些与它们产生生态系统服务能力有关的属性。陆地生态系统的范围和状况会对生态系统服务的供应（见图 2.7 中（c））产生影响。陆地生态系统服务流量账户（实物量形式）能够记录陆地生态系统资产提供的最终生态系统服务流量，以及经济单位（包括家庭、企业和政府）使用的最终生态系统服务流量，由此构成了陆地生态系统服务的供应表和使用表，这也是陆地生态系统核算的核心内容之一。在使用了一系列估值方法计算得到单位陆地生态系统服务价值之后，乘以实物量表中所记录的陆地生态系统服务流量，就可以计算得到陆地生态系统服务流量的货币价值（见图 2.7 中（d））。在此基础之上，可以编制陆地生态系统资产账户（见图 2.7 中（e））。该账户采用净现值的方法，记录陆地生态系统资产在核算期期初和核算期期末的陆地生态系统资产价值。陆地生态系统质量的提升、陆地生态系统退化以及陆地生态系统类型的变化，都会引起陆地生态系统资产价值的变动，这些变动都应该记录在该账户中。

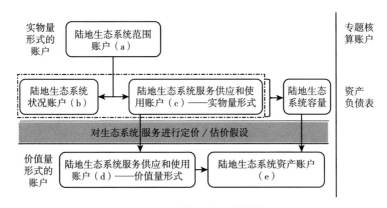

图 2.7　中国陆地生态系统核算框架

资料来源：笔者在 Heris et al.（2021）、UN（2021）的基础上略有修改。

陆地生态系统核算能够从实物和价值两个层面，提供一个较为综合和全面的生态系统信息。除了上述主要账户以外，还有一些其他账户，也有助于在不同场景下对陆地生态系统进行监测。陆地生态系统容量账户能够量化陆地生态系统现在和未来提供最终生态产品的潜力，其数量可能与人们实际使用的陆地生态系统服务数量不同。专题账户则能够提供关于自然资本的一些额外信息，例如碳账户、生态系统资产负债表、生物多样性账户以及扩展的经济核算。

　　本书构建的中国陆地生态系统核算框架，共包括五个主要的陆地生态系统核算账户以及一个专题核算账户。五个主要的陆地生态系统核算账户分别为陆地生态系统范围账户、陆地生态系统状况账户、陆地生态系统服务实物量核算账户、陆地生态系统服务价值量核算账户以及陆地生态系统资产价值量核算账户。其中，陆地生态系统服务核算账户主要包括以实物量或价值量表示的陆地生态系统供应账户和陆地生态系统使用账户。除此以外，根据中国的实际需求，本书还构建了一个专题核算账户——生态系统资产负债表。

第三章 陆地生态系统范围
与状况核算方法

第一节 陆地生态系统分类

一、中国常用的陆地生态系统分类体系

建立一致的陆地生态系统分类体系有助于将生态系统核算数据在不同层次、不同范围上进行汇总。目前，我国学者常用的一种分类体系是来自中国科学院地理科学与资源研究所的陆地生态系统分类体系，一方面原因是该分类方法以植物群落分类为基础，较符合人们对生态系统的认知；另一方面原因是该分类方法能够与中国科学院的土地利用遥感监测数据相匹配，从数据获取角度来看可行性较强。该分类体系将中国陆地生态系统分为 7 个一级类，分别是农田生态系统、森林生态系统、草地生态系统、水体与湿地生态系统、荒漠生态系统、聚落生态系统以及其他生态系统。中国科学院地理科学与资源研究所的土地利用/土地覆盖遥感分类体系如表 3.1 所示。

表 3.1　　　　　　　土地利用/土地覆盖遥感分类

一级类型		二级类型		
编号	名称	编号	名称	含义
1	耕地	—	—	指种植农作物的土地，包括熟耕地、新开荒地、休闲地、轮歇地、草田轮作物地；以种植农作物为主的农果、农桑、农林用地；耕种三年以上的滩地和海涂
		11	水田	指有水源保证和灌溉设施，在一般年景能正常灌溉，用以种植水稻、莲藕等水生农作物的耕地，包括实行水稻和旱地作物轮种的耕地
		12	旱地	指无灌溉水源及设施，靠天然降水生长作物的耕地；有水源和浇灌设施，在一般年景下能正常灌溉的旱作物耕地；以种菜为主的耕地；正常轮作的休闲地和轮歇地

70

一级类型		二级类型		
编号	名称	编号	名称	含义
2	林地	—	—	指生长乔木、灌木、竹类，以及沿海红树林地等林业用地
		21	有林地	指郁闭度>30%的天然林和人工林。包括用材林、经济林、防护林等成片林地
		22	灌木林	指郁闭度>40%、高度在2米以下的矮林地和灌丛林地
		23	疏林地	指林木郁闭度为10%～30%的林地
		24	其他林地	指未成林造林地、迹地、苗圃及各类园地（果园、桑园、茶园、热作林园等）
3	草地	—	—	指以生长草本植物为主，覆盖度在5%以上的各类草地，包括"以牧为主"的灌丛草地和郁闭度在10%以下的疏林草地
		31	高覆盖度草地	指覆盖度>50%的天然草地、改良草地和割草地。此类草地一般水分条件较好，草被生长茂密
		32	中覆盖度草地	指覆盖度在>20%～50%的天然草地和改良草地，此类草地一般水分不足，草被较稀疏
		33	低覆盖度草地	指覆盖度在5%～20%的天然草地。此类草地水分缺乏，草被稀疏，牧业利用条件差
4	水域	—	—	指天然陆地水域和水利设施用地
		41	河渠	指天然形成或人工开挖的河流及主干常年水位以下的土地。人工渠包括堤岸
		42	湖泊	指天然形成的积水区常年水位以下的土地
		43	水库坑塘	指人工修建的蓄水区常年水位以下的土地
		44	永久性冰川雪地	指常年被冰川和积雪所覆盖的土地
		45	滩涂	指沿海大潮高潮位与低潮位之间的潮浸地带
		46	滩地	指河、湖水域平水期水位与洪水期水位之间的土地
5	城乡、工矿、居民用地	—	—	指城乡居民点及其以外的工矿、交通等用地
		51	城镇用地	指大、中、小城市及县镇以上建成区用地
		52	农村居民点	指独立于城镇以外的农村居民点
		53	其他建设用地	指厂矿、大型工业区、油田、盐场、采石场等用地以及交通道路、机场及特殊用地

一级类型		二级类型		
编号	名称	编号	名称	含义
6	未利用土地	—	—	目前还未利用的土地，包括难利用的土地
		61	沙地	指地表为沙覆盖，植被覆盖度在5%以下的土地，包括沙漠，不包括水系中的沙漠
		62	戈壁	指地表以碎砾石为主，植被覆盖度在5%以下的土地
		63	盐碱地	指地表盐碱聚集，植被稀少，只能生长强耐盐碱植物的土地
		64	沼泽地	指地势平坦低洼，排水不畅，长期潮湿，季节性积水或常年积水，表层生长湿生植物的土地
		65	裸土地	指地表土质覆盖，植被覆盖度在5%以下的土地
		66	裸岩石质地	指地表为岩石或石砾，其覆盖面积>5%的土地
		67	其他	指其他未利用土地，包括高寒荒漠、苔原等

资料来源：中国科学院地理科学与资源研究所的土地利用/土地覆盖遥感分类体系。

陆地生态系统的分类方法以土地利用/土地覆盖遥感分类为基础进行适当调整得来，其中农田生态系统主要包括土地利用/土地覆盖遥感分类系统中的水田11、旱地12；森林生态系统，主要包括土地利用/土地覆盖遥感分类系统中的密林地（有林地）21、灌木林22、疏林地23、其他林地24；草地生态系统，主要包括土地利用/土地覆盖遥感分类系统中的高覆盖度草地31、中覆盖度草地32、低覆盖度草地33；水体与湿地生态系统，主要包括土地利用/土地覆盖遥感分类系统中的河渠41、湖泊42、水库坑塘43、永久性冰川雪地44、滩涂45、滩地46、沼泽地64；荒漠生态系统，主要包括土地利用/土地覆盖遥感分类系统中的沙地61、戈壁62、盐碱地63、高寒荒漠67；聚落生态系统，主要包括土地利用/土地覆盖遥感分类系统中的城镇用地51、农村居民点52、工矿53；其他生态系统，主要包括土地利用/土地覆盖遥感分类系统中的裸土地65和裸岩石质地66。

二、全球性的生态系统分类体系

世界自然保护联盟的全球生态系统类型（IUCN Global Ecosystem Typology，IUCN GET）是一个全球性的生态系统类型框架，它采用基于生态系统过程的方法对世界各地的所有生态系统进行分类，以便多个国家和地区之间能够进行综合性的对比和比较。

IUCN GET 是一个由六个层次构成的分类体系。三个较高的层次（1～3 级）是根据生态系统的功能属性进行分类的，而 4～6 级则是与国家和地方一级环境相关的更为具体的生态系统类型。IUCN GET 的第一级定义了海洋、淡水和盐碱湿地、陆地以及地下四个领域，它们都是生物圈的重要组成部分。第二级大致遵循生物群落的概念，其中陆地领域共有七个生物群落类型。第三个层次是生态系统功能群（ecosystem functional groups，EFG）。

EFG 是生物群落中功能独特的生态系统的组合，其定义方式与《生物多样性公约》对生态系统的定义一致，而《生物多样性公约》对生态系统的定义是 SEEA EA 生态系统资产概念的基础。同一 EFG 内的不同生态系统类型都具有共同的生态驱动因素，这些驱动因素能够促进群内生物特征的趋同。在 IUCN GET 中有 98 种 EFG，但一个国家要想拥有代表所有 EFG 的生态系统资产是不太可能的。通常，在一个生态系统核算区域内，EFG 的类型是少于 40 种的。

第二节　陆地生态系统范围核算方法

生态系统核算的一个出发点就是要弄清楚一个国家或生态系统核算区域（EAA）内不同类型生态系统范围的大小，及其随时间的变化情况。因此，生态系统范围账户能够记录 EAA 内按生态系统类型划分的所有生态系统资产的面积及其变化情况，也即对同一类型生态系统的所有生态系统资产的面积进行了汇总。

绘制陆地生态系统范围变化图不仅能显示整个 EAA 中不同类型陆地生态系统的分布情况，还有助于分析陆地生态系统资产破碎化的变化模式。

一、陆地生态系统范围账户的一般表式

陆地生态系统范围账户能够记录生态系统的面积大小及其变化，其具

体位置可以通过地图进行显示。

　　陆地生态系统范围账户的一般表式如表 3.2 所示。此表记录生态系统资产的规模，通常以面积为核算单位，可以根据 EAA 的尺度大小，选用合适的计量单位，例如亩、公顷、平方千米、万平方千米等。

表 3.2　　　　　　　　　陆地生态系统范围账户的一般表式　　　　　　单位：平方千米

期初/期末生态系统范围	农田	森林	草地	水域和湿地	聚落	荒漠	其他
期初生态系统范围							
范围的增加							
管理下的扩张							
非管理下的扩张							
范围的减少							
管理下的减少							
非管理下的减少							
范围的净变化							
期末生态系统范围							

资料来源：UN（2021）。

　　横行标题为陆地生态系统范围的变化情况。期初/期末陆地生态系统范围是指某一特定生态系统类型在一个会计期间（一般为一年）的开始和结束时陆地生态系统资产的总面积。遵循 SEEA2012：CF 中资产账户设置的一般逻辑，范围账户的变化方向有两个，一个是增加，另一个是减少，可以将其汇总为范围的净变化，其基本的平衡关系为"期初陆地生态系统范围 + 范围的增加 − 范围的减少 = 期末陆地生态系统范围"，以及"范围的增加 − 范围的减少 = 范围的净变化"。在可能的情况下，为了反映人类活动或者政策对陆地生态系统范围的影响，可以根据范围增加/减少的原因，分为管理下扩张/减少和非管理下的扩张/减少。其中，管理下的扩张/减少是指人类直接活动对陆地生态系统范围产生的影响，包括计划下的影响和非计划下的影响；非管理下的扩张/减少是指自然过程对陆地生态系统范围产生的影响。在实际操作中，很多时候范围的增加/减少的具体数据并不容易获得，此时只需要"期初陆地生态系统范围、范围的净变化以及期末陆地生态系统范围"就足够了。

纵栏标题对应陆地生态系统的类别。在陆地生态系统分类方法的选择上，由于陆地生态系统有很多种不同的分类方法，如果是在地方一级编制陆地生态系统范围账户，应使用国内通用的陆地生态系统划分标准；如果在国家层面上编制陆地生态系统范围账户，最为可行且最适当的做法是，先使用现有的陆地生态系统类型进行分类编制，然后再将其与 SEEA 的生态系统类型参考分类相对应，以便进行国际比较。此处本书采用了国内常用的分类方法，将陆地生态系统分为农田、森林、草地、水域和湿地、聚落、荒漠以及其他生态系统。

在陆地生态系统核算区域总面积不变的情况下，一个陆地生态系统类型的增加将与另一个陆地生态系统类型的减少有关①。对陆地生态系统范围核算而言，任何陆地生态系统范围的增加和减少都被认为是陆地生态系统类型的转换。故而有必要编制陆地生态系统类型转换矩阵，以反映陆地生态系统范围的变化结果。

二、陆地生态系统类型转换矩阵

陆地生态系统范围账户能够记录陆地生态系统类型的变化情况，在陆地生态系统核算区域总面积保持不变的情况下，这些变化被称为陆地生态系统的类型转换。陆地生态系统类型转换是指在一个特定的核算地点，陆地生态系统类型发生了变化，这种变化涉及生态结构、组成以及功能的显著和持久性的变化，而这种变化又将反映在陆地生态系统所产生的不同的陆地生态系统服务的供应中。

如表 3.3 所示的陆地生态系统类型转换矩阵体现了陆地生态系统类型之间的转换情况。横行表示核算期期末的陆地生态系统类型，纵栏表示核算期期初的陆地生态系统类型。行向量 $A = (a_1, a_2, a_3, a_4, a_5, a_6, a_7)$ 表示核算期期初属于该 EAA，但在核算期间流出的陆地生态系统面积，这类生态系统流出的原因一般为政府的行政区域变更。因此 A 包含在期初的陆地生态系统中，但不包含在期末的陆地生态系统中。

---

① 由于政治因素造成的行政区域的面积变化（例如行政边界调整）应记录为相关生态系统类型的有管理的扩张或减少。

表 3.3　　　　　　　　陆地生态系统类型转换矩阵　　　　　　　单位：平方千米

期末生态系统		核算期期初							总体外	期末面积
		农田	森林	草地	水域和湿地	聚落	荒漠	其他		
核算期期末	农田	r_{11}	r_{12}	r_{13}	r_{14}	r_{15}	r_{16}	r_{17}	b_1	d_1
	森林	r_{21}	r_{22}	r_{23}	r_{24}	r_{25}	r_{26}	r_{27}	b_2	d_2
	草地	r_{31}	r_{32}	r_{33}	r_{34}	r_{35}	r_{36}	r_{37}	b_3	d_3
	水域和湿地	r_{41}	r_{42}	r_{43}	r_{44}	r_{45}	r_{46}	r_{47}	b_4	d_4
	聚落	r_{51}	r_{52}	r_{53}	r_{54}	r_{55}	r_{56}	r_{57}	b_5	d_5
	荒漠	r_{61}	r_{62}	r_{63}	r_{64}	r_{65}	r_{66}	r_{67}	b_6	d_6
	其他	r_{71}	r_{72}	r_{73}	r_{74}	r_{75}	r_{76}	r_{77}	b_7	d_7
总体外		a_1	a_2	a_3	a_4	a_5	a_6	a_7	m	—
期初面积		c_1	c_2	c_3	c_4	c_5	c_6	c_7	—	—

资料来源：笔者在 UN（2021）基础上略有修改。

列向量 $B = (b_1, b_2, b_3, b_4, b_5, b_6, b_7)'$ 表示核算期期初不属于该 EAA，但在核算期期末属于该 EEA 的陆地生态系统面积。与 A 的形成原因一致，这类陆地生态系统流入的原因一般也为政府的行政区域变更。矩阵 R 代表核算期间陆地生态系统类型的相互转换情况。

$$R = \begin{bmatrix} r_{11} & \cdots & r_{17} \\ \vdots & \ddots & \vdots \\ r_{71} & \cdots & r_{77} \end{bmatrix} \qquad (3-1)$$

其中，r_{ij} 表示核算期期初为第 j 类陆地生态系统，而核算期期末为第 i 类陆地生态系统的面积。其中，$r_{11}, r_{22}, \cdots$ 表示核算期期初和核算期期末类型未曾变动的陆地生态系统面积。因此，$C = (c_1, c_2, c_3, c_4, c_5, c_6, c_7)$ 代表核算期期初各类陆地生态系统的面积，$D = (d_1, d_2, d_3, d_4, d_5, d_6, d_7)'$ 代表核算期期末各类陆地生态系统的面积。$\sum_{i=1}^{7} r_{ij}(i \neq j)$ 表示核算期间 j 类陆地生态系统转换成其他类陆地生态系统的减少面积，$\sum_{j=1}^{7} r_{ij}(i \neq j)$ 表示核算期间其他类陆地生态系统类型转换为 i 类陆地生态系统的增加面积。

需要注意的是，如果发生了一些极端事件对陆地生态系统产生了影响，并且预计陆地生态系统将从影响中恢复，那么可以认为陆地生态系统类型未发生变化，只是陆地生态系统状况发生了变化，可将此变化视为正常干扰的一部分，并用处理季节变化的类似方法对其进行记录和处理。但若这种影响是渐进性和长期性的，那么最初可能只是记录为陆地生态系统资产状况的变化，然而在某一时刻，如果认为陆地生态系统在结构、组成和功能等方面发生了显著变化，应被认为是一种不同的陆地生态系统类型。这时就应将其记录为陆地生态系统类型发生了变化。

第三节　陆地生态系统状况核算方法

陆地生态系统状况核算能够将来自不同监测系统的数据进行整合，以整体的形式展示陆地生态系统资产的各方面特征，例如生物多样性、水质、土壤性质，并以此对环境监测系统进行补充。陆地生态系统状况账户提供了一种结构化的方法来记录和汇总描述陆地生态系统资产特征及其变化的数据。

一、陆地生态系统的特征

生态系统通常被理解为一个空间结构，包括非生物复合体、生物复合体，以及两者之间的相互作用。非生物复合体的主要特征是土壤和水分状况，生物复合体的主要特征不仅包括组成的植被和动物，还通常与人类活动有关。除自身特征以外，环境也会对生态系统产生影响。对于陆地生态系统而言，这些环境特征包括气候、地形、岩性和人类活动等。

（一）自身特征

（1）土壤。土壤通过控制一系列资源的形成过程从而控制植被的生长，在一定程度上也可以说是由当地当前和过去的陆地生态系统过程所形成的。土壤的特征包括岩性、土壤化学性质、土壤物理性质以及土壤有机质等。

（2）植被。植被是覆盖于地表的植物群落的总称。它不仅是陆地生态系统的生物元素，也是区分陆地生态系统类型的重要依据。植被的特征包括植被的生长型、冠层结构、树种类型等。

（3）动物。动物在陆地生态系统中也扮演着重要的角色，它们既可能是食腐动物，也可能是食草动物或捕食者。

（二）环境特征

（1）气候。气候是许多陆地生态系统的一个重要驱动因素，因为它与资源（例如水、能源）和约束条件（如干旱）都有很强的联系。从生态学的观点来看，最相关的气候参数是气温、降水和潜在蒸散量。

（2）地形和地貌。地形和地貌状况影响气候（在全球或局部尺度上）和水分调节（在区域和局部尺度上），以及养分的再分配。例如，山坡和平原、平缓的斜坡与陡峭的斜坡、地势的高低等。

（3）岩性。岩性决定土壤形成的母质，因此岩性对植被类型及其生产力都有很大的影响。

（4）人类活动。人类活动对陆地生态系统的影响可以是直接的（如土地覆盖变化），也可以是间接的（如资源利用和气候变化）。

总的来看，陆地生态系统特征不仅包括陆地生态系统及其主要的非生物和生物组成部分（水、土壤、地形、植被、生物量、物种等）的系统特征，例如植被类型、水质和土壤类型，也包括陆地生态系统资产的属性，例如组成成分、结构、过程和功能。陆地生态系统特征可能在本质上是稳定的，如土壤类型或地形，也可能是动态的并随着自然过程和人类活动而变化的，如降水、温度、水质以及物种丰富度。

二、陆地生态系统状况类型及变量的选择

（一）生态系统状况类型

目前，国际上对生态系统状况缺乏统一的定义，但其选择的生态系统状况变量所反映的内容却较为一致，主要包括生态系统结构和功能、生物多样性、环境质量、土壤和压力五个方面（De Jong et al.，2016；Remme and Hein，2016）。为了更为全面地覆盖生态系统的特征，同时便于在不同生态系统之间进行对比，SEEA EA 构造了一个适用于所有生态系统类型的通用的生态系统状况类型（ecosystem condition typology，ECT）。该体系将所有反映生态系统状况的变量归为 3 个组别，6 个类型，如表 3.4 所示。

表 3.4   SEEA 的生态系统状况类型

组	类
A 非生物的生态系统特征	A1 物理状态特征：生态系统中非生物成分的物理描述（如土壤结构、水分有效性）
	A2 化学状态特征：非生物生态系统部分的化学组成（如土壤养分水平、水质、空气污染物浓度）
B 生物生态系统特征	B1 组成状态特征：给定地点和时间生态群落的组成/多样性（如关键物种的存在/丰度、相关物种群的多样性）
	B2 结构状态特征：整个生态系统或其主要生物组成部分（如总生物量、冠层盖度、年最大 NDVI）的聚集特性（如质量、密度）
	B3 功能状态特征：主要生态系统组成部分（如初级生产力、群落年龄、干扰频率）之间生物、化学和物理相互作用的汇总统计（如频率、强度）
C 景观层面特征	C1 陆地景观和海洋景观特征：在较大的空间尺度（陆地、海洋）上描述生态系统类型镶嵌度的指标（如景观多样性、连通性、破碎化）

资料来源：UN（2021）。

在表 3.4 中，物理状态特征（A1）是指生态系统非生物成分（土壤、水、空气）的物理描述。还可以包括因人类活动压力而减少的实物存量（如地下水位、不透水表面），因为它们对变化很敏感，并且通常与政策相关。此外，该类别还包括与气候变化相关的极端温度、降雨或干旱事件相关的变量。

化学状态特征（A2）包括非生物生态系统组成部分中化学成分的描述。这通常涉及土壤、水或空气中污染物或养分的累积存量。无论是物理状态特征还是化学状态特征，变量都应该侧重于描述状态（污染物存量）而不是流量（污染物排放量），并且存量变量应该对流量的变化较为敏感。

组成状态特征（B1）包括范围广泛的典型生物多样性特征，这些特征从生物的角度描述了生态群落的组成特征。这些特征包括给定时间和地点下的物种丰度，以及特定群组的多样性。生物群落的组成特征可能涉及单个物种、分类群（鸟类、蝴蝶、物种的来源）或非分类群（如土壤无脊椎动物、大型底栖动物）的存在/缺失或丰度。

结构状态特征（B2）包括主要关注生态系统的植被和生物量的特征，这些特征描述了当地活的和死的植物物质（植被、生物量）的数量。该类别包括所有与植被密度和覆盖率相关的特征，无论是与整个生态系统相关，还是仅与特定区域相关（例如，冠层、地下生物量、凋落物）。对于海洋和淡水生态系统，此类可包括浮游植物丰度或植物生物量（例如海草）。组成状态特征和结构状态特征之间存在一定的重合。

功能状态特征（B3）包括其他变量尚未涵盖的有关生态系统过程的特征。此外，还应包括与特定功能组（例如，传粉者、固氮者、捕食者、分解者等）有关的特征。由于不同学者对生态系统功能的理解不同，许多可以被视为生态系统功能的特征也可以被视为组成（例如物种丰度）、结构（例如植物生物量）或非生物状态描述符（例如地表反射率）。

陆地景观和海洋景观特征（C1）是指在较大的空间尺度上（陆地、海洋）可量化的、对当地生态系统状况有影响的并可归因于单个生态系统资产的生态系统资产特征。例如，量化一个生态系统资产如何与相同生态系统类型的其他生态系统资产相联系的变量，生态系统资产与某些压力（例如集约化农业）之间的距离有多远，或者其他资产如何影响这种状况。原则上，在评估陆地景观和海洋景观特征时，对所考虑的距离没有限制，只要该距离不超出 EAA 的核算范围即可。

（二）陆地生态系统状况变量的选择

陆地生态系统状况变量是描述陆地生态系统资产个体特征的定量变量。一个单一的特征可以有几个相关的变量，这些变量之间可能是互补的，也可能是重叠的。变量不同于特征，因为它们有清晰的定义和计量单位，以清楚地表明它们所测量的数量或质量。

目前，陆地生态系统状况变量的选择主要是基于两种思路：一种是基于生态系统的特征；另一种是根据生态系统状况类型。前者根据生态系统的自身特征（例如土壤、植被、生物多样性等）和环境特征（例如人类活动），罗列出与之相关的一系列变量，以全面概述生态系统的状况。基于该思路所罗列的陆地生态系统特征主要包括生态系统结构和功能、生物多样性、环境质量、土壤以及压力五个方面（Maes et al.，2018）。在具体变量的选择上，由于生态系统特征通常与生态系统的类型有关，故而对于不同类型的生态系统，应该选取不同的变量，以反映该种类型生态系统的状况。本书对其进行了梳理，以森林生态系统为例，部分常用二级变量如表 3.5 所示。例如，可以用物种丰度显示生物多样性特征，用归一化植被指数（normalized difference vegetation index，NDVI）、叶面积指数、生物量等显示植被特征等（高敏雪等，2018）。后者直接从生态系统状况类型入手，针对每一类特征（例如物理状态特征、化学状态特征）选择相应的变量。

表 3.5 森林生态系统状况变量

一级变量	二级变量
结构和功能	枯木率；森林破碎化与连通性；生物量；植物生产力；林龄结构；树冠密度；碳储量；森林结构的异质性；森林结构的同质性；冠层体积；叶面积指数、NDVI
生物多样性	物种多样性；遗传多样性；物种丰度；系统发育多样性；遗传变异性
环境质量	对流层臭氧浓度；氮、硫酸盐、硫、钙和镁的浓度
土壤	土壤有机碳含量；土壤 pH 值；土壤冲蚀指数；土壤生物多样性；土壤容重；土壤含水量
压力	栖息地变化；昆虫爆发、害虫破坏和寄生虫；气候变化；过度开发；物种入侵；污染；富营养化

资料来源：笔者整理。

从生态系统核算的角度来看，编制陆地生态系统状况账户的主要目的是显示生态系统状况的变化情况，而非全面绘制每个生态系统资产的功能。因而在具体核算中，陆地生态系统状况账户既要尽可能多地涵盖相关的生态信息，又要尽可能少地使用变量。为了确保生态系统状况核算的全面性，在理想情况下，陆地生态系统状况核算应确保对于每个生态系统类型、每个 ECT 类别都至少选择一个变量。

每个 ECT 类别下都有许多可供选择的变量。一般来说，在选择变量时要着重考虑那些能够反映陆地生态系统在连续的核算期间具有方向性变化的特征，或者是那些在生态系统过程中起到重要作用，且对变化比较敏感的变量，从而有助于衡量整个生态系统的功能及其变化情况。同时这些变量也应该是那些可能因人类干预而改变的变量，以便衡量人类活动对生态系统状况的影响。

在实践中选取变量的时候，反映状态的变量通常采用那些与环境政策相关的变量，以便对人类活动进行监测，并与管理目标相对应。例如，要反映水质状况，可以选取政府部门制定的"水功能区限制纳污红线"或"节能减排综合工作方案"中的一些水质指标作为参考，如化学需氧量、氨氮、总磷、氰化物等。对于压力指标（例如富营养化和酸化）的选择，则可以将现有数据同已有文献中的参考值相结合以描绘当前的压力状态。通常认为，对于给定的陆地生态系统类型，6~10 个变量就能够提供足够的信息，以评估生态系统资产的整体状况。

如果关于陆地生态系统状况的可用数据很少，那么可以使用一些反映环境压力的指标，作为衡量陆地生态系统状况的一种替代方法。例如，如果缺少反映生态系统化学状态特征的变量，那么可以使用农药使用情况这一反映压力情况的变量作为替代。在这种情况下，要注意反映状态的变量和反映压力的变量之间的时滞。在一些情况下，压力的产生会很快对生态系统状态产生影响，而在另一些情况下，压力的产生和状态的变化之间会有相当大的时滞。

三、陆地生态系统状况账户

（一）陆地生态系统状况变量账户

陆地生态系统状况变量账户可以提供关于生态系统状态及其随时间变化的有用信息。例如，土壤的 pH 值对植物生长有很大的影响，同时又容易受到人类行为的影响。因此，监测 pH 值的变化并将其反映在生态系统状况变量账户中，既可以反映由于人类影响或环境因素变化造成的土壤属性变化，又可以从侧面考察生态系统中植被的生长状况。

如果有政策目标值或者生态阈值的相关数据，则还可以将变量的观测值同目标值或阈值进行比较，看陆地生态系统的相关特征是否达到了政策目标的要求，抑或是否超出了关键生态阈值的范围，以此来判断该生态系统的状况。例如，淡水的 pH 值可以清楚地表明生物是否可以生活在某一水体中，土壤养分的富集程度超过一定水平将导致敏感物种的灭绝，而鱼类种群的年龄结构则可以很好地表明它是维持在可持续产量水平还是超过可持续产量水平。

在一个 EAA 中，对于每个陆地生态系统类型，通常都有大量的生态系统资产，每项资产都有其相应的生态系统状况变量值。因此，在综合的生态系统状况变量账户中记录的数值应为属于 EAA 核算范围内特定生态系统类型加权算术平均值（以面积为权重）。

陆地生态系统状况变量账户的形式如表 3.6 所示，其中横行标题为陆地生态系统状况变量，该变量是参照陆地生态系统状况类型分类，并根据特定的生态系统状况类型选取得到。纵栏标题为特定陆地生态系统类型的期初和期末变量值及其变化情况。

表 3.6　　　　　　　　　　　　陆地生态系统状况变量账户

陆地生态系统状况类型	变量		陆地生态系统类型		
	变量名称	变量单位	期初值	期末值	变化值
物理状态特征	变量1	ml/g	V_{10}	V_{11}	$V_{11} - V_{10}$
	变量2	%	V_{20}	V_{21}	$V_{21} - V_{20}$
化学状态特征	变量3	—	V_{30}	V_{31}	$V_{31} - V_{30}$
组成状态特征	变量4	%	V_{40}	V_{41}	$V_{41} - V_{40}$
结构状态特征	变量5	t/ha	V_{50}	V_{51}	$V_{51} - V_{50}$
功能状态特征	变量6	g/m^2	V_{60}	V_{61}	$V_{61} - V_{60}$
陆地景观特征	变量7	%	V_{70}	V_{71}	$V_{71} - V_{70}$

资料来源：笔者在 UN et al.（2014）的基础上修改得到。

（二）陆地生态系统状况指标账户

1. 陆地生态系统状况指标账户的基本形式

在陆地生态系统变量账户的基础上，可以创建陆地生态系统状况指标账户。生态系统状况指标旨在反映生态系统状况变量相对于参考值的高低水平。

创建状况指标的第一步是确定陆地生态系统状态的参考水平。通常认为，参考水平是指一个变量在参考状况下的最高水平和最低水平，也就是变量的可能变动范围。当然，根据管理的需要，参考水平也可以设定为某一政策目标所制定的目标值。将陆地生态系统变量值同参考水平值进行对比可以反映该生态系统在该变量上的特征情况。在多数情况下，参考水平的最高水平值是要高于最低水平值的，也即数据越大说明相应变量所反映的情况越好，也可以称其为正向变量。但有时也会出现相反的情况，也就是数据越大说明相应变量所反映的情况越糟，例如河流的污染物数量，也可以称其为负向变量。这时，参考水平的最高水平值是一个较小的值，而参考水平的最低水平值则是一个较大的值。

创建状况指标的第二步是通过公式，将每个变量的数值都转换为一个无量纲的、取值范围为 0~1 的数据，具体转换公式如下：

$$I = \frac{V - V_L}{V_H - V_L} \tag{3-2}$$

其中，I 为指标值，V 为某个变量的变量值，V_L 为参考水平的最低取值，V_H 为参考水平的最高取值。特殊情况下，实际的变量值可能会超出参考水平值。在这种情况下，如果该指标为正指标，则可以将指标取值定为 0（变量值低于参考水平值的最低水平）或 1（变量值高于参考水平值的最高水平），并进行备注。

计算得到各项陆地生态系统状况指标之后，就可以编制陆地生态系统状况指标账户，如表 3.7 所示。

表 3.7　　　　　　　　　　　陆地生态系统状况指标账户

陆地生态系统 状况类型（c1）	指标 指标名称 （c2）	陆地生态系统类型					
		变量值		参考水平值		指标值	
		期初值 （c3）	期末值 （c4）	最高水平 （c5）	最低水平 （c6）	期初值 （c7）	期末值 （c8）
物理状态特征	指标 1	V_{10}	V_{11}	V_{1H}	V_{1L}	$\dfrac{V_{10}-V_{1L}}{V_{1H}-V_{1L}}$	$\dfrac{V_{11}-V_{1L}}{V_{1H}-V_{1L}}$
	指标 2	V_{20}	V_{21}	V_{2H}	V_{2L}	$\dfrac{V_{20}-V_{2L}}{V_{2H}-V_{2L}}$	$\dfrac{V_{21}-V_{2L}}{V_{2H}-V_{2L}}$
化学状态特征	指标 3	V_{30}	V_{31}	V_{3H}	V_{3L}	$\dfrac{V_{30}-V_{3L}}{V_{3H}-V_{3L}}$	$\dfrac{V_{31}-V_{3L}}{V_{3H}-V_{3L}}$
组成状态特征	指标 4	V_{40}	V_{41}	V_{4H}	V_{4L}	$\dfrac{V_{40}-V_{4L}}{V_{4H}-V_{4L}}$	$\dfrac{V_{41}-V_{4L}}{V_{4H}-V_{4L}}$
结构状态特征	指标 5	V_{50}	V_{51}	V_{5H}	V_{5L}	$\dfrac{V_{50}-V_{5L}}{V_{5H}-V_{5L}}$	$\dfrac{V_{51}-V_{5L}}{V_{5H}-V_{5L}}$
功能状态特征	指标 6	V_{60}	V_{61}	V_{6H}	V_{6L}	$\dfrac{V_{60}-V_{6L}}{V_{6H}-V_{6L}}$	$\dfrac{V_{61}-V_{6L}}{V_{6H}-V_{6L}}$
陆地景观特征	指标 7	V_{70}	V_{71}	V_{7H}	V_{7L}	$\dfrac{V_{70}-V_{7L}}{V_{7H}-V_{7L}}$	$\dfrac{V_{71}-V_{7L}}{V_{7H}-V_{7L}}$

资料来源：笔者在 UN et al.（2014）的基础上修改得到。

在表 3.7 中，横行标题是陆地生态系统状况指标，该指标是参照陆地生态系统状况类型分类，并与表 3.6 的变量相对应。纵栏标题为特定陆地生态系统类型的期初和期末变量值、参考水平值、期初和期末指标值。表 3.7 中第 3 列和第 4 列（c3 和 c4）来源于表 3.6 的期初和期末变量值，陆地生态系统参考水平值通常与特定的生态系统类型有关，例如，如果使用归一化植被指数（NDVI）来了解陆地生态系统的结构状态特征，则需要为森林、草原和草地生态系统提供不同的参考水平值。

2. 陆地生态系统状况指数

在陆地生态系统状况指标账户的基础上，可以计算反映陆地生态系统状况的综合指数，以反映有关生态系统状况变化的信息。将同一陆地生态系统状况类型中的指标进行综合，可以得出反映该特征的子指数，例如物理状态指数；将所有陆地生态系统类型子指数进行汇总，可以得到陆地生态系统总体状况指数。其具体计算过程如表3.8所示。

表3.8 陆地生态系统状态指数

陆地生态系统状况类型（c1）	指标 指标名称（c2）	陆地生态系统类型				
		指标值			指数值	
		期初值（c3）	期末值（c4）	指标权重（c5）	期初值（c6）	期末值（c7）
物理状态特征	指标1	$\dfrac{V_{10}-V_{1L}}{V_{1H}-V_{1L}}$	$\dfrac{V_{11}-V_{1L}}{V_{1H}-V_{1L}}$	f_1	$\dfrac{V_{10}-V_{1L}}{V_{1H}-V_{1L}}\times f_1$	$\dfrac{V_{11}-V_{1L}}{V_{1H}-V_{1L}}\times f_1$
	指标2	$\dfrac{V_{20}-V_{2L}}{V_{2H}-V_{2L}}$	$\dfrac{V_{21}-V_{2L}}{V_{2H}-V_{2L}}$	f_2	$\dfrac{V_{20}-V_{2L}}{V_{2H}-V_{2L}}\times f_2$	$\dfrac{V_{21}-V_{2L}}{V_{2H}-V_{2L}}\times f_2$
	子指数	—	—	—	$\dfrac{V_{10}-V_{1L}}{V_{1H}-V_{1L}}\times f_1 + \dfrac{V_{20}-V_{2L}}{V_{2H}-V_{2L}}\times f_2$	$\dfrac{V_{11}-V_{1L}}{V_{1H}-V_{1L}}\times f_1 + \dfrac{V_{21}-V_{2L}}{V_{2H}-V_{2L}}\times f_2$
化学状态特征	指标3	$\dfrac{V_{30}-V_{3L}}{V_{3H}-V_{3L}}$	$\dfrac{V_{31}-V_{3L}}{V_{3H}-V_{3L}}$	f_3	$\dfrac{V_{30}-V_{3L}}{V_{3H}-V_{3L}}\times f_3$	$\dfrac{V_{31}-V_{3L}}{V_{3H}-V_{3L}}\times f_3$
组成状态特征	指标4	$\dfrac{V_{40}-V_{4L}}{V_{4H}-V_{4L}}$	$\dfrac{V_{41}-V_{4L}}{V_{4H}-V_{4L}}$	f_4	$\dfrac{V_{40}-V_{4L}}{V_{4H}-V_{4L}}\times f_4$	$\dfrac{V_{41}-V_{4L}}{V_{4H}-V_{4L}}\times f_4$
结构状态特征	指标5	$\dfrac{V_{50}-V_{5L}}{V_{5H}-V_{5L}}$	$\dfrac{V_{51}-V_{5L}}{V_{5H}-V_{5L}}$	f_5	$\dfrac{V_{50}-V_{5L}}{V_{5H}-V_{5L}}\times f_5$	$\dfrac{V_{51}-V_{5L}}{V_{5H}-V_{5L}}\times f_5$
功能状态特征	指标6	$\dfrac{V_{60}-V_{6L}}{V_{6H}-V_{6L}}$	$\dfrac{V_{61}-V_{6L}}{V_{6H}-V_{6L}}$	f_6	$\dfrac{V_{60}-V_{6L}}{V_{6H}-V_{6L}}\times f_6$	$\dfrac{V_{61}-V_{6L}}{V_{6H}-V_{6L}}\times f_6$
陆地景观特征	指标7	$\dfrac{V_{70}-V_{7L}}{V_{7H}-V_{7L}}$	$\dfrac{V_{71}-V_{7L}}{V_{7H}-V_{7L}}$	f_7	$\dfrac{V_{70}-V_{7L}}{V_{7H}-V_{7L}}\times f_7$	$\dfrac{V_{71}-V_{7L}}{V_{7H}-V_{7L}}\times f_7$
生态系统状况指数	总指数	—	—	—	$\displaystyle\sum_{i=1}^{7}\frac{V_{i0}-V_{iL}}{V_{iH}-V_{iL}}\times f_i$	$\displaystyle\sum_{i=1}^{7}\frac{V_{i1}-V_{iL}}{V_{iH}-V_{iL}}\times f_i$

资料来源：笔者在UN et al.（2014）的基础上修改得到。

在表 3.8 中，横行标题是陆地生态系统状况指标，该指标是参照生态系统状况类型分类，并与表 3.6 中的变量、表 3.7 中的指标相对应。纵栏标题为陆地生态系统状况指标的具体数值以及各项指标的指数值。表 3.8 中第 3 列和第 4 列（c3 和 c4）的数值来源于表 3.7 中的 c7 和 c8。第 5 列（c5）权重的大小则取决于每个指标对所评估的生态系统类型整体状况的相对重要程度，可采用专家打分法对其进行赋值。第 6 列和第 7 列（c6 和 c7）的数值是由指标值的期初值和期末值乘以相应的权重得到。

如表 3.8 所示，陆地生态系统的物理状态特征由两个指标反映，将这两项指标的指数值相加就可以得到反映生态系统物理状态特征的子指数。将各项指标的指数值相加就能得到反映生态系统整体状况的总指数。根据该表，该陆地生态系统状态总指数从 $\sum_{i=1}^{7} \dfrac{V_{i0} - V_{iL}}{V_{iH} - V_{iL}} \times f_i$ 变化到 $\sum_{i=1}^{7} \dfrac{V_{i1} - V_{iL}}{V_{iH} - V_{iL}} \times f_i$，即可说明生态系统总体状态的变化情况。

第四章 陆地生态系统服务
实物量核算方法

陆地生态系统服务的实物量核算是陆地生态系统服务价值量核算的基础，对陆地生态系统服务进行实物量核算可以厘清一个核算期间由生态系统资产提供并由经济单位使用的生态系统服务流数量。可以从供给和需求两个方面对陆地生态系统服务进行核算。而从统计视角来看，记录的陆地生态系统服务数量应该是一种"交易量"，因此供应量应等于使用量。

第一节 陆地生态系统服务的分类方法

陆地生态系统服务的分类是进行陆地生态系统服务核算首要解决的重点和难点问题。本节的重点是要设计一个陆地生态系统服务分类方法，那么就要先来回顾三个重要的概念和原则。第一，分类方法的一般原则是什么？第二，经济体系中服务的一般定义是什么，服务和商品有什么区别？第三，经济服务与生态系统服务有何区别？理解这三个概念对陆地生态系统服务分类方法的设计具有重要意义。

一、相关概念和原则

（一）分类的一般原则

分类的主要目的是提供一个有组织的结构，使人们把类似的元素组合在一起并把不同的元素分开。联合国经济和社会事务部定义了分类的一般原则，分别是：

（1）分类应该是详尽的并且相互排斥的；

（2）分类应能同其他国际标准分类相比较；

（3）分类应该是稳定的，也就是说，它们不会有太频繁的变动；

（4）分类体系应该被很好地描述，并有解释性说明、编码索引以及其他描述词的支持；

（5）分类体系应该是相对平衡的，类别不能太多也不能太少。

（二）服务的界定

鉴于学者们对生态系统服务界定存在较多的分歧，因此本书先来探讨已较为成熟的经济核算和分类体系是如何界定服务的。通过查阅文献发现，即使在经济系统中，服务也很难进行界定。美国人口普查局采用的一个定义是：服务是属于某个经济实体的人或物品的状况的变化，是其他经济实体的活动所带来的结果（EPA，2015）。美国国家档案局网站上对服务的另一个定义是：服务从本质上是一种无形利益的生产，无论是其本身还是作为有形产品的一个重要元素，通过某种形式的交换，满足了一个确定的需求。有时，服务很难确定，因为它们与商品密切相关，例如诊断与给药的结合。虽然商品（或产品）是可以衡量和计算的，但服务就不那么具体了，它是针对特定需求应用技能和专业知识的结果。

虽然服务的内涵并不统一，但可以看出，人们普遍认为服务的某些特征使其有别于商品。与商品不同，服务通常是无形的、不可储存的，并且与提供者和消费者密不可分。此外，在经济学中，商品可以被视为存量并在一个特定的时间点上进行衡量，而服务则被视为从供应者到消费者的流动，并且只能在一段时间内进行衡量。

（三）经济服务与生态系统服务的区别

本节的重点是探讨生态系统提供的服务，有必要将其与人类经济系统内产生的服务进行比较，一些主要的区别如下。

（1）市场与非市场性质。与经济体系中的服务相比，生态系统服务通常具有非市场性。也就是说，它们通常不会在市场上进行交易，因此难以有可以观察到的交易或价格。

（2）私人与公共特征。与经济服务不同，生态系统服务通常具有非竞争性特征，也就是说，一个用户享用的不会减少其他用户的同时享用。

（3）最终服务的含义不同。经济体系中最终服务是卖给最终用户的，它们从生产者流向家庭或政府，而最终生态系统服务的流动发生在自然系统和人类系统（包括经济产品的中间和最终生产者以及家庭）之间的直接交界点。

二、中国陆地生态系统服务分类体系

因为本书所定义的陆地生态系统服务，不仅包括最终生态系统服务，还包括中间生态系统服务，因此，对陆地生态系统服务的分类也应围绕这两类服务。由于中间服务和最终服务的区别主要体现在生态系统服务的使用者上，因此，本书根据陆地生态系统服务的供应和使用情况，构造了三层递进式的陆地生态系统服务分类体系：对最终生态系统服务构造了"供应者""最终服务""使用者"三层递进式最终生态系统服务分类体系；对中间生态系统服务，构造了"供应者""中间服务""使用者"三层递进式中间生态系统服务分类体系。

（一）最终生态系统服务分类体系

本书根据"供应者""最终服务""使用者"三者之间的递进关系，构造了一个三层递进式最终生态系统服务分类体系。该结构是由三个独立的层次组成的，一个与陆地生态系统（供应者）相关，一个与最终生态系统服务有关，另一个与受益人（使用者）相关，该分类体系及编码方式如图4.1所示。从供应者到受益人的每一个链条，都代表了一个特定的陆地生态系统服务。也就是说，陆地生态系统服务的类别由供应者类别、最终生态系统服务类别和使用者类别三个部分构成，因此，需要先分别探讨供应者类别、最终生态系统服务类别和使用者类别。

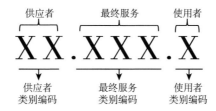

图4.1　三层递进式最终生态系统服务分类体系

资料来源：笔者绘制。

1. 供应者类别

供应者就是陆地生态系统服务的提供者，也就是生态系统。可根据生态系统类型对供应者进行识别，对陆地生态系统供应者的识别应与我国已有的分类方法和数据基础相匹配。目前我国的生态系统类型数据的获取途径主要有两个：一是根据全国国土调查数据；二是根据空间的土地利用/覆被遥感数据。前者的数据相对准确，但无法提供土地利用的空间信息；后者数据准确性相对较低，但优点在于可以掌握各类陆地生态系统的空间分布，便于进行空间分析。全国国土调查工作依托我国《土地利用现状分类》（GB/T 21010 - 2017），根据土地的使用用途、经营特点、利用方式和覆盖特征等因素，采用一级、二级两个层次的分类体系，将土地分为12个一级类，73个二级类，如表4.1所示。

表 4.1　　　　　　　　　　我国《土地利用现状分类》

一级分类		二级分类		一级分类		二级分类	
编号	名称	编号	名称	编号	名称	编号	名称
1	耕地	1.1	水田	5	商服用地	5.6	娱乐用地
		1.2	水浇地			5.7	其他商服用地
		1.3	旱地	6	工矿仓储用地	6.1	工业用地
2	园地	2.1	果园			6.2	采矿用地
		2.2	茶园			6.3	盐田
		2.3	橡胶园			6.4	仓储用地
		2.4	其他园地	7	住宅用地	7.1	城镇住宅用地
3	林地	3.1	乔木林地			7.2	农村宅基地
		3.2	竹林地	8	公共管理与公共服务用地	8.1	机关团体用地
		3.3	红树林地			8.2	新闻出版用地
		3.4	森林沼泽			8.3	教育用地
		3.5	灌木林地			8.4	科研用地
		3.6	灌丛沼泽			8.5	医疗卫生用地
		3.7	其他林地			8.6	社会福利用地
4	草地	4.1	天然牧草地			8.7	文化设施用地
		4.2	沼泽草地			8.8	体育用地
		4.3	人工牧草地			8.9	公共设施用地
		4.4	其他草地			8.10	公园与绿地
5	商服用地	5.1	零售商业用地	9	特殊用地	9.1	军事设施用地
		5.2	批发市场用地			9.2	使领馆用地
		5.3	餐饮用地			9.3	监教场所用地
		5.4	旅馆用地			9.4	宗教用地
		5.5	商务金融用地			9.5	殡葬用地

一级分类		二级分类		一级分类		二级分类	
编号	名称	编号	名称	编号	名称	编号	名称
9	特殊用地	9.6	风景名胜设施用地			11.5	沿海滩涂
10	交通运输用地	10.1	铁路用地	11	水域及水利设施用地	11.6	内陆滩涂
		10.2	轨道交通用地			11.7	沟渠
		10.3	公路用地			11.8	沼泽地
		10.4	城镇村道路用地			11.9	水工建筑用地
		10.5	交通运输场站用地			11.10	冰川及永久积雪
		10.6	农村道路	12	其他土地	12.1	空闲地
		10.7	机场用地			12.2	设施农用地
		10.8	港口码头用地			12.3	田坎
		10.9	管道运输用地			12.4	盐碱地
11	水域及水利设施用地	11.1	河流水面			12.5	沙地
		11.2	湖泊水面			12.6	裸土地
		11.3	水库水面			12.7	裸岩石砾地
		11.4	坑塘水面				

资料来源：《土地利用现状分类》（GB/T 21010 – 2017）。

遥感数据常把土地分为6个一级类，25个二级类，分类体系如表4.2所示。

表4.2　　　　遥感数据中常用土地利用分类体系

一级分类		二级分类		一级分类		二级分类	
编号	名称	编号	名称	编号	名称	编号	名称
1	耕地	11	水田	4	水域和湿地	45	海涂
		12	旱地			46	滩地
2	林地	21	有林地	5	聚落	51	城镇
		22	灌木林地			52	农村居民点
		23	疏林地			53	其他建设用地
		24	其他林地	6	未利用土地	61	沙地
3	草地	31	高覆盖度草地			62	戈壁
		32	中覆盖度草地			63	盐碱地
		33	低覆盖度草地			64	沼泽地
4	水域和湿地	41	河渠			65	裸土地
		42	湖泊			66	裸岩石砾地
		43	水库、坑塘			67	其他未利用土地
		44	冰川及永久积雪				

资料来源：笔者在地理监测云平台的分类体系上稍有修改。

对比两种分类体系可以看到，两者之间缺乏对应关系，例如《土地利用现状分类》中的园地在遥感数据中常用的土地利用分类体系中找不到对应的。因为本书的初衷是想构建一个陆地生态系统服务分类体系，以便于进行陆地生态系统核算。从数据来源上看，空间数据能提供更多的信息，因此本书暂先使用遥感数据中常用的土地利用分类作为供应者的类别。

2. 最终生态系统服务类别

参考千年生态系统评估（MA，2005）、兰德斯和纳利克（Landers and Nahlik，2013）、海恩斯－杨和波特斯基（Haines-Young and Potschin，2018）等分类方法以及 SEEA EA，本书将最终生态系统服务类别分为 3 个一级类和 30 个二级类，如表 4.3 所示。

表 4.3　　　　　　　　　最终生态系统服务类别

一级分类		二级分类		一级分类		二级分类	
编号	名称	编号	名称	编号	名称	编号	名称
1	供应服务	101	作物供应	2	调节和维持服务	206	土壤和沉积物保留服务
		102	牧草供应			207	土壤废弃物修复服务
		103	牲畜供应			208	水净化服务
		104	养殖水产品供应			209	水流调节服务
		105	木材供应			210	防洪服务
		106	野生鱼类和其他自然水生生物的供应			211	风暴减灾服务
		107	野生动物、植物和其他生物的供应			212	噪声衰减服务
		108	遗传物质供应			213	生物防治服务
		109	水资源供应			214	生境维护服务
		110	其他供给服务			215	其他调节和维持服务
2	调节和维持服务	201	全球气候调节服务	3	文化服务	301	娱乐相关的服务
		202	降雨模式调节服务			302	视觉享受服务
		203	当地气候调节服务			303	教育、科学和研究服务
		204	空气过滤服务			304	精神、艺术和象征性服务
		205	土壤质量调节服务			305	其他文化服务

资料来源：笔者整理。

3. 使用者类别

对使用者的分类可遵循 SNA 的机构单位分类标准。SNA 共有五类机构单位，分别是非金融公司、金融公司、政府单位、住户和为住户服务的非营利部门。我国在进行机构部门设置的时候并未设置为住户服务的非营利部门，并且为了符合一般的使用习惯，本书在一级大类下未区分金融行业和非金融行业，将其合并为企业，故将使用者类别分为企业（编码1）、政府（编码2）以及住户部门（编码3）。其中，企业分类可以参照投入产出表部门分类或国民经济行业分类进行二级或三级分类，以便进行深入分析。由于不是本书研究重点，此处本书仅将使用者类别分为3类。

（二）中间生态系统服务分类体系

有时，陆地生态系统服务既可能是最终服务，也可能是中间服务，这主要取决于使用环境：如果使用者为经济单位，该服务就是最终服务；如果使用者为陆地生态系统，该服务就是中间服务。在表4.3最终生态系统服务的类别中，供给服务和文化服务都只能是最终生态系统服务，而调节和维持服务既可以是中间生态系统服务，也可以是最终生态系统服务。基于此，根据"供应者""中间服务""使用者"三者之间的递进关系，也可构造一个三层递进式的中间生态系统服务分类体系。与最终生态系统服务分类体系的区别主要体现在"中间服务"和"使用者"上。

由于中间服务主要是调节和维持服务，对"中间服务"的分类同表4.3中调节和维持服务的分类稍有差异，主要原因是大部分调节和维持服务既可以是中间生态系统服务，也可以是最终生态系统服务，但有些陆地生态系统服务只能是中间生态系统服务，例如授粉服务和碳汇服务。可单独对中间生态系统服务进行编码，但为了与最终生态系统服务的编码保持一致，可沿用一致的分类编码，再对范围外的进行重新编码。中间生态系统服务分类及编码如表4.4所示。三层递进式中间生态系统服务分类体系如图4.2所示。另外，对于中间生态系统服务而言，其供应者和使用者都是陆地生态系统，因此使用者的分类应同供应者的分类一样，如表4.2所示。

表4.4   中间生态系统服务分类及编码

编号	名称	编号	名称
201	全球气候调节服务	210	防洪服务
202	降雨模式调节服务	211	风暴减灾服务
203	当地气候调节服务	212	噪声衰减服务
204	空气过滤服务	213	生物防治服务
205	土壤质量调节服务	214	生境维护服务
206	土壤和沉积物保留服务	215	其他调节和维持服务
207	土壤废弃物修复服务	298	授粉
208	水净化服务	299	碳汇
209	水流调节服务		

资料来源：笔者整理。

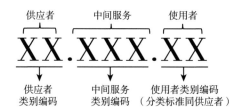

图4.2   三层递进式中间生态系统服务分类体系

　　本书认为，在实践中，鉴于两类生态系统服务的不同核算需求，对两类生态系统服务分类的细致程度也可以有所不同。针对最终生态系统服务，由于这类服务直接与人类经济活动有关，对这类生态系统服务进行测度有助于全面了解陆地生态系统对人类福祉的直接贡献，还能够以此建立生态系统产品总值（GEP）等核算指标作为对GDP指标的补充，因此有必要对其进行细致的分类和核算，一方面掌握FES的来源，有助于针对性地实施保护政策；另一方面了解FES的使用去向，有助于确定受益群体，为生态补偿、生态产品定价等提供依据。针对中间生态系统服务，暂可根据其重要程度，按需确定。对重要的中间生态系统服务可先行进行核算，暂不纳入重要性不高的中间生态系统服务。

　　在此分类体系下，可以认为，只有三层分类编码都一致（供应者和使用者都一致）的才是同一种陆地生态系统服务。例如，对于调节和维持服务中的水净化服务而言，其使用者可以是企业、政府、住户或者其他陆地生态系统资产。虽然都是水净化服务，但由于使用者不同，而被视为不同的服务类型。并且，当使用者为陆地生态系统资产的时候，该服务为中间生态系统服务；但当使用者为企业、政府或住户的时候，该服务为最终生态系统服务。

第二节　陆地生态系统服务供给和使用账户设计

陆地生态系统服务实物量核算的目的是记录一个核算期间的生态系统服务流。陆地生态系统服务流的测度通常是从服务的供给角度，测度陆地生态系统结构、过程和功能的产出，例如空气净化服务中净化的污染物数量；但也可以是从陆地生态系统服务的使用角度测度，例如对森林公园的访问次数。

不同类型的陆地生态系统都会为不同的使用者提供不同的生态系统服务，可以编制陆地生态系统服务的供给和使用账户来反映这些生态系统服务，如此，账户中的每一项都是对生态系统资产和经济活动实体之间交易的量化。陆地生态系统服务核算的目标就是，在一个陆地生态系统核算区域内提供不同生态系统服务的实际供给和使用的尽可能全面的数据。但在实际编制过程中，供给使用账户中究竟包含哪些数据还取决于数据的可得性。

一、供给和使用账户的基本形式

本书所构建的三层递进式陆地生态系统服务分类体系正好能够与陆地生态系统服务供给使用账户相对应，陆地生态系统服务供给和使用账户的基本形式如表 4.5 所示。对于每一项生态系统服务而言（编码为 XX.XXX.X），第一层级（XX）和第三层级（X）分别对应供给使用账户的列——陆地生态系统资产和经济单位，第二层级（XXX）对应供给使用账户的行——最终生态系统服务。编制供给和使用账户时要注意，陆地生态系统服务在一个核算期间的供给应等于对这些服务的使用。例如，空气过滤服务的供给和使用都应使用相同的计量单位进行记录，并且数额相等，比如，植被吸收的 PM2.5 的吨数。

表 4.5　　　　　　　　　**生态系统服务供给和使用账户的基本形式**

供给/使用（服务）	计量单位	经济单位（使用者）	陆地生态系统资产（供给者）
供给			
供给服务			
调节服务		—	B
文化服务			
使用			
供给服务			
调节服务		C	D
文化服务			

资料来源：UN et al.（2014b）。

在表 4.5 中，供给账户记录了由不同陆地生态系统资产类型提供的不同生态系统服务的流量（表中 B 部分），记录的总供给量应包括最终生态系统服务和中间服务。使用账户记录了经济单位对生态系统服务的使用情况（最终生态系统服务，表中 C 所示）和其他陆地生态系统资产对生态系统服务的使用（中间服务，表中 D 所示）情况。对于每项生态系统服务，总供给量必须等于总使用量（有些生态系统服务可能有多个供给方，有些生态系统服务可能有多个使用方，但都要遵循总供给量等于总使用量）。每项生态系统服务的流量均应使用合适的计量单位进行记录，且用于记录供给量的单位需要和记录使用量的单位相同。常见的计量单位包括吨、立方米和访问次数等。可参照 SNA 机构单位分类或我国的机构单位分类对经济单位（使用者）进行分类。对陆地生态系统资产的划分可参考世界自然保护联盟（IUCN）发布的《IUCN 全球生态系统分类体系 2.0》，该分类体系依据生物群系和生态系统功能组划分生态系统类型，可以根据我国的分类习惯或数据的可得性进行划分。

二、中国陆地生态系统服务供给和使用账户设计

本部分构建了中国陆地生态系统服务供给和使用账户，其中供给表如表 4.6 所示，使用表如表 4.7 所示，表中灰色的部分代表数据不存在，例如表 4.6 的第 4 列到第 9 列。供给和使用账户的核算范围为陆地生态系统核算

表4.6　中国陆地生态系统服务供给和使用账户——供给表（实物量形式）

生态系统服务		计量单位	经济单位			本地经济单位的供给	外地经济单位的供给	经济单位的总供给	陆地生态系统资产							本地生态系统资产的总供给	外地生态系统资产的总供给（进口）	生态系统资产的总供给	总供给
			企业	政府	住户				农田	森林	草地	水域和湿地	聚落	荒漠	其他				
(1)	(2)	(3)	(4)	(5)	(6)	(7)	(8)	(9)	(10)	(11)	(12)	(13)	(14)	(15)	(16)	(17)	(18)	(19)	(20)
供给服务	作物供给																		
	牧草供给																		
	牲畜供给																		
	养殖水产品供给																		
	木材供给																		
	野生鱼类和其他自然水生生物的供给																		
	野生动物、植物和其他生物的供给																		
	遗传物质供给																		
	水资源供给																		
	其他供给服务																		
调节和维持服务	全球气候调节服务																		
	降雨模式调节服务																		
	当地气候调节服务																		
	空气过滤服务																		

续表

生态系统服务		计量单位	经济单位			本地经济单位的供给	外地经济单位的供给	经济单位的总供给	陆地生态系统资产							本地生态系统资产的总供给	外地生态系统资产的总供给（进口）	生态系统资产的总供给	总供给
			企业	政府	住户				农田	森林	草地	水域和湿地	聚落	荒漠	其他				
(1)	(2)	(3)	(4)	(5)	(6)	(7)	(8)	(9)	(10)	(11)	(12)	(13)	(14)	(15)	(16)	(17)	(18)	(19)	(20)
调节和维持服务	土壤质量调节服务																		
	土壤和沉积物保留服务																		
	土壤废弃物修复服务																		
	水净化服务																		
	水流调节服务																		
	防洪服务																		
	风暴减灾服务																		
	噪声衰减服务																		
	生物防治服务																		
	生境维护服务																		
	其他调节相关的服务																		
文化服务	娱乐相关的服务																		
	视觉享受服务																		
	教育、科学和研究服务																		
	精神、艺术和象征性服务																		
	其他文化服务																		

注：灰色部分分为空，为与使用表形式保持一致，本表未删除此部分（第 4 列至第 9 列）。

资料来源：UN（2021）。

表 4.7　中国陆地生态系统服务供给和使用账户——使用表（实物量形式）

生态系统服务		计量单位	经济单位			本地经济单位的使用	外地经济单位的使用（出口）	经济单位的总使用	陆地生态系统资产							本地生态系统资产的总使用	外地生态系统资产的总使用（出口）	生态系统资产的总使用	总使用
			企业	政府	住户				农田	森林	草地	水域和湿地	聚落	荒漠	其他				
(1)	(2)	(3)	(4)	(5)	(6)	(7)	(8)	(9)	(10)	(11)	(12)	(13)	(14)	(15)	(16)	(17)	(18)	(19)	(20)
供给服务	作物供给																		
	牧草供给																		
	牲畜供给																		
	养殖水产品供给																		
	木材供给																		
	野生鱼类和其他自然水生物的供给																		
	野生动物、植物和其他生物的供给																		
	遗传物质供给																		
	水资源供给																		
	其他供给服务																		
调节和维持服务	全球气候调节服务																		
	降雨模式调节服务																		
	当地气候调节服务																		
	空气过滤服务																		

续表

(1)	生态系统服务 (2)	计量单位 (3)	经济单位			本地经济单位的使用 (7)	外地经济单位的使用（出口）(8)	经济单位的总使用 (9)	陆地生态系统资产							本地生态系统资产的总使用 (17)	外地生态系统资产的总使用（出口）(18)	生态系统资产的总使用 (19)	总使用 (20)
			企业 (4)	政府 (5)	住户 (6)				农田 (10)	森林 (11)	草地 (12)	水域和湿地 (13)	聚落 (14)	荒漠 (15)	其他 (16)				
调节和维持服务	土壤质量调节服务																		
	土壤和沉积物保留服务																		
	土壤废弃物修复服务																		
	水净化服务																		
	水流调节服务																		
	防洪服务																		
	风暴减灾服务																		
	噪声衰减服务																		
	生物防治服务																		
	生境维护服务																		
	其他调节和维持服务																		
文化服务	娱乐相关的服务																		
	视觉享受服务																		
	教育、科学和研究服务																		
	精神、艺术和象征性服务																		
	其他文化服务																		

注：灰色部分为空。

资料来源：UN (2021)。

区域（EAA）内的所有生态系统，以所有类型生态系统提供的生态系统服务为基础来确定。供给和使用账户的核算期间可以是 1 年，也可以是 3 年或 5 年，具体核算期间要根据需求确定。一旦确定，供给和使用账户就能够显示陆地生态系统服务在该期间的总供给和总使用情况。

为确保总供给等于总使用，供给使用账户中还需要记录非本地经济单位（EAA 核算范围外的经济单位）对陆地生态系统服务的使用情况。例如，若生态系统向 EAA 以外的游客提供了文化服务，就会出现这种情况。这些流动被视为生态系统服务的出口，记录在使用表的第 18 列。如果 EAA 范围内的经济单位接受了来自 EAA 范围外的生态系统服务，则也应进行记录，这种情况被视为生态系统服务的进口，被记录在供给表的第 18 列。

（一）对进口和出口的处理

陆地生态系统服务账户的核算范围由陆地生态系统核算区域（EAA）确定，例如一个国家的经济领土。当然，EAA 也可以建立在次国家层面或区域层面。对于陆地生态系统服务流量账户，应重点关注 EEA 内所有生态系统提供的生态系统服务。有时，陆地生态系统服务的供给并不会全被 EAA 范围内的经济单位所使用，也存在 EAA 范围内的经济单位使用来自 EAA 范围外的生态系统服务的情况。这时，就需要记录陆地生态系统服务的进口和出口。有以下情况需要进行区分。

（1）EEA 范围外经济单位（通常是居民）来到 EEA 范围内，并享受了相关的生态系统服务。这类情况通常发生在跨区域游览的情况下。非核算范围的游客会享受到来自 EAA 内提供的文化服务。这时，需要将生态系统服务（文化服务）的总供给分配给居民和非居民。

（2）各国之间有许多生物质和相关产品（如大米、小麦、木材和鱼）的出口和进口，但这些产品的流动不被认为是生态系统服务的流动，因此，在陆地生态系统供给和使用账户中不被记录为出口和进口。但是，生态系统服务的价值可以体现在贸易产品中。

（3）有些生态系统服务，特别是调节和维护服务，其使用者也会位于提供该服务的生态系统之外。例如，森林提供的空气过滤服务的使用者通常不居住在森林中，而是居住在附近地区。此外，水流调节服务的供给通常会涉及整个集水区的许多生态系统资产，而这些服务却只提供给某一个地区。如果陆地生态系统服务的供给者和使用者都位于同一个 EAA 中，那么就不需要特别处理。然而，如果使用地点在 EAA 之外，则应记录生态系统服务的出口；反之，如果服务的供给在 EAA 之外，使用者位于 EAA 范围内，则可以记录服务的进口。

（4）有些生态系统服务是一种集体服务，不归属于单个家庭或企业，因而被视为由政府代表居民和企业使用。例如全球气候调节服务，这种服务可以被认为是对全球所有人都有利的。对于这种集体服务，按照 SEEA2012：EEA 的处理原则，则被记录为由对提供该服务的生态系统资产有管辖权的政府的使用，也就是说，这种集体服务并不被记录为出口，而是"谁提供，谁使用"。

（5）如果非居民经营者在一个 EAA 内捕鱼，该行为被视为非居民的生产。在生态系统核算中，则应在供给表中记录生物质供给服务的出口。在该经营者的所属地记录生物质供给服务的进口。

（6）原则上讲，EAA 之间也会存在中间服务的流动。这些流动原则上不予记录，除非该中间服务能够与 EAA 内的生态系统资产所提供的最终生态系统服务相联系。

在实践中，记录多个 EAA 之间的流动将需要大量的空间数据，GIS 技术的应用和普及使这些核算变为可能。

（二）中国陆地生态系统服务供给和使用账户——供给表

供给表显示了陆地生态系统服务的供给情况，如表4.6所示。横行标题为陆地生态系统服务分类，既可以是中间生态系统服务，也可以是最终生态系统服务。中间生态系统服务和最终生态系统服务的区别主要体现在服务的使用者上，供给表只显示服务的供给情况，不显示服务的使用情况，因此无法准确区分陆地生态系统所提供的服务是中间服务还是最终服务。通常认为，供给服务和文化服务都属于最终服务，而调节和维持服务既可以是中间服务，也可以是最终服务。如果一项生态系统服务是由多个生态系统资产共同提供的，则可以通过分配方法或惯例将生态系统服务分配给联合生产的每项生态系统资产。

纵栏标题为经济单位分类和陆地生态系统资产分类。由于经济单位不产生生态系统服务，因此第 4 列到第 9 列的数据为空（表中灰色部分）。陆地生态系统服务的供给主要是靠陆地生态系统资产，陆地生态系统资产则主要是根据生态系统类型进行划分。根据本书所构建的"供应者""最终服务""使用者"三层递进式陆地生态系统服务分类体系,"供应者"陆地生态系统资产可分为农田生态系统资产、森林生态系统资产、草地生态系统资产、水域和湿地生态系统资产、聚落生态系统资产、荒漠生态系统资产以及其他生态系统资产。如此,建立了陆地生态系统服务和供给者之间的关系,这也刚好能够同陆地生态系统服务分类体系中前两个层——"供应者""最终服务"和"供应者""中间服务"相匹配,有助于将陆地生态系统服务的核算数据直接匹配到陆地生态系统服务的供给表中。

当地(EAA 范围内)陆地生态系统资产提供的生态系统服务反映在第17 列上,若 EAA 范围内的经济单位和陆地生态系统资产消耗了来自 EAA 范围外的生态系统服务,则还需要反映生态系统服务的进口(来自 EAA 范围外的生态系统服务供给)情况。生态系统服务的进口被反映在供给表的右侧(第 18 列),它同其他核算数据之间的关系是:当地生态系统资产的总供给(第 17 列)+外地生态系统资产的总供给(第 18 列)=生态系统资产的总供给。总供给(第 19 列)反映了陆地生态系统服务的总供给情况,因为陆地生态系统服务只能来自陆地生态系统资产,因而在此表中,总供给就等于陆地生态系统资产的总供给。

(三)中国陆地生态系统服务供给和使用账户——使用表

使用表显示了经济单位对最终生态系统服务的使用情况,以及不同类型生态系统对中间生态系统服务的使用情况,如表 4.7 所示。表 4.7 的横行标题为生态系统服务类别(包括中间服务和最终服务),共有 3 个一级分类以及 30 个二级分类,一级分类分别为供给服务、调节和维持服务以及文化服务。

纵栏标题显示了对本地陆地生态系统服务的使用情况。本地陆地生态系统服务的使用去向主要有两类:第一类是最终生态系统服务流向经济单位,包括本地经济单位(第 4 列到第 6 列)和外地经济单位(第 8 列);第二类是中间生态系统服务流向本地陆地生态系统(第 10 列到第 16 列)和外地陆地生态系统(第 18 列)。在这两类中,流向外地经济单位和外地陆地生态系统的为陆地生态系统服务的出口,反映了区域外经济单位和陆地生态系统对本地陆地生态系统服务的消费情况,例如区域外旅游者消费的娱乐相关服务（第 8 列）。

本地经济单位对陆地生态系统服务的总使用情况反映在第 7 列中，等于企业消费（第 4 列）+政府消费（第 5 列）+住户消费（第 6 列）。本地陆地生态系统资产对陆地生态系统服务的总使用情况反映在第 17 列中，其数值等于农田使用（第 10 列）+森林使用（第 11 列）+草地使用（第 12 列）+水域和湿地使用（第 13 列）+聚落使用（第 14 列）+荒漠使用（第 15 列）+其他使用（第 16 列）。陆地生态系统资产的总使用（第 19 列）=本地陆地生态系统资产的总使用（第 17 列）+外地陆地生态系统资产的总使用（第 18 列）。总使用=陆地生态系统资产的总使用（第 19 列）+经济单位的总使用（第 9 列），其中，经济单位的总使用=本地经济单位的使用（第 7 列）+外地经济单位的使用（第 8 列）。

使用表建立了陆地生态系统服务和使用者之间的关系，刚好能够同陆地生态系统服务分类体系中后两个层——"最终服务""使用者"和"中间服务""使用者"相匹配，有助于将陆地生态系统服务的核算数据直接匹配到陆地生态系统服务的使用表中。

当然，还能够对经济单位进行细分，以了解不同类型经济单位对陆地生态系统服务的使用情况。例如，想要了解不同收入群体对陆地生态系统服务的使用情况，可以按照收入水平对住户部门进行细分。

若陆地生态系统服务帮助产生 SNA 利益，则根据国民经济核算内容，很容易分辨其使用者。若陆地生态系统服务帮助产生非 SNA 利益，使用者有时很好分辨，比如娱乐服务；有时却难以进行区分，例如空气净化服务或气候调节服务。这时，如果认为陆地生态系统服务是有助于实现集体的非 SNA 利益（具有公共产品的性质，具有非排他性和非竞争性）时，陆地生态系统服务的使用可被归于政府，代表整个社会使用该服务。

第三节　陆地生态系统服务供给和使用账户编制方法

根据陆地生态系统服务分类及其实物量核算信息，可以编制陆地生态系统服务供给和使用账户。本节采用举例的方法，来说明本书设置的陆地生态系统服务分类方法同供给和使用账户的关系，并编制了对应的陆地生态系统服务供给账户和陆地生态系统服务使用账户，所编制的供给和使用账户中不包括进出口的生态系统服务。

一、陆地生态系统服务供给账户编制方法

假设三种陆地生态系统服务的实物量核算信息及其类别信息如表 4.8 所示。

表 4.8 陆地生态系统服务类别及其实物量信息

陆地生态系统服务类别		编码	实物量	计量单位
(1)	(2)	(3)	(4)	(5)
例 1	FES：作物供应（小麦）	12.101.1	1000	吨
例 2	FES：空气过滤服务（PM2.5）	21.204.3	50	千克
例 3	IES：授粉	31.298.12	3000	访问次数

注：FES 指最终生态系统服务，IES 指中间生态系统服务。
资料来源：笔者整理。

表 4.8 中列举了三种生态系统服务的类别（第 2 列）、编码（第 3 列）及实物量信息（第 4 列和第 5 列）。其中，编码是一个三层递进的结构，反映最终生态系统服务在"供应者""最终服务""使用者"上的分类信息，或中间生态系统服务在"供应者""中间服务""使用者"上的分类信息。例 1 为作物供应（小麦）服务，其供应者为旱地（12），使用者为企业（1）；例 2 为空气过滤服务（PM2.5），其供应者为有林地（21），使用者为住户（3）；例 3 为授粉服务，其供应者为高覆盖度草地（31），使用者为旱地（12）。可以看出，三种陆地生态系统服务中，一种为中间生态系统服务（第三级编码末位为两位数），两种为最终生态系统服务（第三级编码末位为一位数）。

如果要记录这三种生态系统服务的供应情况，就要编制这三种生态系统服务的供给账户。首先，要根据前面设计的生态系统供给账户的基本形式，设置生态系统服务供给账户。横行标题为生态系统服务分类，可以从表 4.8 中第 2 列或第 3 列中得出。表 4.8 中三种生态系统服务的编码 101、204、298 分别代表了作物供应、空气过滤服务以及授粉服务。纵

栏为生态系统服务的供给者分类，本部分根据土地利用分类体系，将其分为农田、森林、草地、水域和湿地、聚落、荒漠以及其他，每类分类下还有对应的二级分类。由于篇幅限制，本书构建的供应表没有将其全部列出。

然后，就能够根据生态系统服务的实物流量信息，在供给表中记录这些流量。例1作物供应（小麦）服务的供应者编码为12（旱地），在旱地一列（第7列）记录作物供给服务的流量1000吨；例2空气过滤服务（PM2.5）的供应者类别为21（有林地），在有林地一列（第8列）记录空气过滤服务的流量50千克；例3授粉的供应者类别为31（高覆盖度草地），在高覆盖度草地一列（第12列）记录授粉服务的流量3000次。根据上述内容，可以编制三种陆地生态系统服务的供给账户，如表4.9所示。

二、陆地生态系统服务使用账户编制方法

除了供给表以外，还可以编制三种生态系统服务的使用账户。使用账户的横行标题同供给账户一样，都是生态系统服务分类。使用账户的纵栏标题是生态系统使用者分类。使用者由两个部分组成：一是经济单位；二是生态系统。如果生态系统服务的使用者为经济单位，该服务就为最终生态系统服务；如果生态系统服务的使用者为生态系统，该服务就为中间生态系统服务。

上述三种陆地生态系统服务中，例1作物供给服务的使用者类别为1（企业），为最终生态系统服务，在企业一列（第3列）记录对作物供给服务的使用1000吨；例2空气过滤服务的使用者类别为3（住户），也为最终生态系统服务，在住户一列（第5列）记录对空气过滤服务的使用50千克；例3授粉的使用者类别为12（旱地），为中间生态系统服务，在旱地一列（第7列）记录对授粉服务的使用3000次。根据上述内容，可以编制三种陆地生态系统服务的使用账户，如表4.10所示。

表 4.9　三种陆地生态系统服务的供给账户

供给服务	计量单位	经济单位			农田		森林				草地			
		企业	政府	住户	水田	旱地	有林地	灌木林地	疏林地	其他林地	高覆盖度草地	⋯⋯	⋯⋯	⋯⋯
(1)	(2)	(3)	(4)	(5)	(6)	(7)	(8)	(9)	(10)	(11)	(12)			
供给														
作物供给（小麦）	吨	—	—	—		1000								
空气过滤服务（PM2.5）	千克	—	—	—			50							
授粉	访问次数	—	—	—							3000			

注：表中灰色部分表示该部分没有数据。为了同使用表保持一致，本表没有将此部分（第 3 列至第 5 列）删除。
资料来源：笔者计算整理得到。

表 4.10　三种陆地生态系统服务的使用账户

使用服务	计量单位	经济单位			农田		森林				草地			
		企业	政府	住户	水田	旱地	有林地	灌木林地	疏林地	有林地	高覆盖度草地	……	……	……
(1)	(2)	(3)	(4)	(5)	(6)	(7)	(8)	(9)	(10)	(11)	(12)	……	……	……
使用														
FES: 作物供应（小麦）	吨	1000	—	—	—	—	—	—	—	—	—	—	—	—
FES: 空气过滤服务（PM2.5）	千克	—	—	50	—	—	—	—	—	—	—	—	—	—
IES: 授粉	访问次数	—	—	—	—	3000	—	—	—	—	—	—	—	—

注：表中灰色部分表示该部分没有数据。

资料来源：笔者计算整理得到。

第五章　陆地生态系统价值量核算方法

　　陆地生态系统的价值量核算包括陆地生态系统服务的价值量核算以及陆地生态系统资产的价值量核算两个部分。在进行价值量核算时，一个重要的考虑因素是生态系统服务和生态系统资产的价值如何与国民核算中已经存在的价值相关联，特别是在 SNA 生产或消费活动中所使用到的生态系统服务的价值可能已经全部（或部分）纳入 GDP 的时候。例如，在 SNA 的生产活动中，如果使用者在市场上购买了提供生态系统服务的生态系统资产或使用权，比如农业生产活动中的农作物生产或者林业生产活动中的木材生产，生态系统服务的价值就会部分包含在 SNA 中。在这种情况下，生态系统服务的估值可以在支付的租赁价格或资源租金方法的基础上进行。

　　在某些情况下，生态系统服务的价值是能够在市场上进行交易的，例如土地所有者可能会将土地上的立木出售给伐木的公司，则交易价格就能够体现生态系统服务的价格。在这种情况下，价值量形式的生态系统服务的供应和使用账户就体现了生态系统对 SNA 中已经记录的商品和服务价值的贡献。

　　有些生态系统服务可以用不计入 GDP 的交换价值来评估。例如直接用于住户部门最终消费、政府部门最终消费和出口的所有生态系统服务的价值通常是免费提供的，因此不包括在 GDP 中，例如空气净化。此外，生产活动中所使用的某些生态系统服务的价值并没有包括在 GDP 中，例如海洋捕捞（在没有对捕捞许可支付费用的情况下）或农业授粉。当一个生态系统服务的价值没有包含在 SNA 中，交换价值就需要用其他方式进行估算，如替代成本法和避免损害成本法。评估这些服务的挑战在于，这些服务的部分收益反映了消费者的盈余。例如，在考虑空气过滤服务的价值时，人们可能愿意为降低疾病发病率或延长预期寿命而支付费用，SEEA 对这些服务的估值需要仔细考虑与消费者剩余相关的价值。

第一节　基于核算目的的价值评估方法

对生态系统服务的价值评估一直是当今生态经济学的研究热点。面对如今不断增长的多尺度、多目的的大量评估需求，学者们发现，没有一种估值方法是完美的，因此在选择估值方法时，必须要兼顾估值的目的以及数据的可用性。而价值评估中不同的评估内容和评估目的，也将会影响对评估效率和精度的要求。因此，在政府间生物多样性和生态系统服务平台（Intergovernmental Science-Policy Platform on Biodiversity and Ecosystem Services，IPBES）所制定的生态系统服务"六步估价法"中，识别估价的目的被列为价值评估的第一步。IPBES 识别了四种主流的估价目的，其中之一就是以核算为目的的价值评估（Pascual et al.，2017）。

一、价值核算原则及传递途径

（一）价值核算原则

根据 SNA2008 的相关内容，当货物和服务在正规市场上进行交易时，可观测到的交易价格就是交换价格，也就是在市场存在的情况下，生态系统服务和生态系统资产在买方与卖方之间进行交换所采用的价格。当交易价格无法观测时，可以根据相同或者类似物品的市场价格，经过调整得到。对于某些商品，例如开放的娱乐活动，目前没有任何市场上有足够数量的相同或类似商品在类似情况下进行交易。那么，该问题的解决方法之一就是模拟类似商品在市场上交易时所观察到的价格和数量，称为模拟交换价值方法（Caparrós et al.，2003，2017）。为了将此类生态系统服务的价格反映出来，联合国（UN，2019）建议扩展交换价值的概念，使之包括"反映市场存在时买卖双方交换生态系统服务和生态系统资产的价格"。更为准确的说法可能是，在市场真正存在的情况下保留术语"交换价值"，在价格来自模拟市场的情况下使用术语"模拟交换价值"。

无论采用何种术语，如果市场是模拟的，那么根据假设的制度环境，可能会出现几种可能的价格。对于每种特定的生态系统服务，哪种制度环境是最合适的还存在争议。为了确定每种生态系统服务的最合适价格，或最合适的价格范围，还需要制定一套适当的原则，以便选择出适合国民经济核算背景的模拟价格。巴顿等（Barton et al.，2019）制定了三个原则：一是与 SNA 中的估价方法保持一致；二是基于可能的制度背景和市场结构；三是具有国际可比性。

与 SNA 中的估价方法保持一致意味着对生态系统服务的估价要以交换价值为基础。SNA 作为一种分析工具，其主要作用是将各种各样的经济现象联系起来，并通过一个单独的核算单位予以表现。SNA 并不想确定在其范围内产生的存量和流量的效用，只是想以货币单位度量其核算账户中各个项目的现期交换价值，也就是货物和其他资产、服务、劳动力可以实际交换或能够交易现金的价值。交换价值的主要特点是买方支付的金额应与卖方收到的金额相等，由此确保核算账户的完整性和一致性。如果采用福利经济价值，由于外部性的存在，买方收到的价值不等于卖方支出的价值，那么不同经济部门的核算账户将无法平衡，实际产生的货币流量也会存在不一致。只有在所有交易和资产中使用交换价值的概念，才能保证 GDP 的不同测度方法之间保持一致，并且不同部门之间收入和财富记录的衡量标准一致。因此，交换价值是与 SNA 一致的价值核算方法（Obst et al.，2016），其最大的特点是计算结果中不包含消费者剩余（Edens and Hein，2013；Remme et al.，2015）。

基于可能的制度背景和市场结构意味着交换价值不应被理解为等于自由市场的交易价格，也就是说，市场交易不应该被理解为只发生在完全竞争的市场环境中。事实上，市场交易可以发生在垄断市场或任何其他市场结构中。巴顿等（Barton et al.，2019）详细讨论了在完全竞争市场、垄断竞争市场和垄断市场三种市场结构中，以及完全的价格歧视和承载力限制两种假设条件下，交换价值的确定方法。在完全竞争的市场下，消费者剩余能够实现最大化，而在完全价格歧视的垄断市场下，消费者剩余最小化，为零。是否存在消费者剩余是区分交换价值和福利经济价值的一种重要方法（ONS，2017），因为完全价格歧视的垄断市场基本不可能出现。基于该原则，同样是以自然景观为主的公园，如果该公园具有标志性的景观，例如国家公园，可能更适合以垄断竞争的市场结构为背景对其进行估价；如果是城市周边的绿地，并且这些绿地在质量上基本一致，可能更适合以完全竞争的市场结构为背景对其进行估价。

具有国际可比性的原则是指如果货物和服务是在其他国家特定的制度

环境下进行交易，则模拟的制度环境应类似于这些国家的现行制度。

对于 SNA 中没有包含的价值，必须采用非市场方法。由于这些方法主要是用来估计在经济和政策决策中使用的付款意愿，因此需要采取其他步骤来估计模拟的交换价值。

（二）价值传递途径

生态系统核算并非是要获取生态系统的全部价值，而是要通过扩大国民经济核算的生产和资产范围，以评价日益扩大的各种服务和资产。为了达到这一目的，需要明确以下两点：一是确定最终生态系统服务使经济单位受益的途径；二是识别哪些生态系统服务已经被纳入 SNA 的核算范围，哪些生态系统服务还未被纳入 SNA。

1. 根据受益人

联合国（2019）识别了最终生态系统服务使经济单位受益的三种途径，分别是对经济生产的投入、对住户消费的投入以及对人类福祉的投入。巴顿等（2019）基于核算视角，将其扩展为四种，如图 5.1 所示。

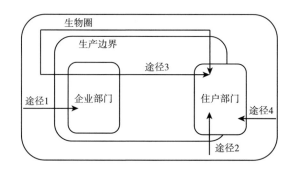

图 5.1　经济单位从最终生态系统服务中获得利益的途径

资料来源：UN（2019）。

其中，途径 1 指最终生态系统服务作为企业的投入，用于生产产品或提供服务，然后再出售给其他企业或住户部门（例如农业生产）。途径 2 是最终生态系统服务作为对住户活动的投入，产生 SNA 利益（例如自给农业或家庭从地表或地下直接提取的可饮用水）。途径 1 和途径 2 主要包括供给服务和调节服务，通常体现为总经济价值中的直接使用价值和间接使用价值。途径 3 是最终生态系统服务通过住户和企业的联合生产，为住户部门带来的利益，这些利益中，既有 SNA 利益，也有非 SNA 利益。例如在休闲娱乐活动中，既可以看到美丽的风景，还有可能享受到酒店提供的服务等。有许多休闲娱乐不存在交易市场，不被包括在 SNA 的生产边界中，而酒店提供的服务则包括在内。途径 4 是最终生态系统服务为住户带来的利益，但不计入任何商品或服务的最终价值，通常指那些不在生产范围内的调节服务所带来的非使用价值，例如碳封存。表 5.1 罗列了几种常见的生态系统服务及其纳入 SNA 的程度和途径。

表 5.1			生态系统服务及其纳入 SNA 的程度和途径
生态系统服务	是否包括在 SNA 中	途径	备注
作物种植	是	1,2	包括自给农业
授粉	是	1	被视为中间生态系统服务
立木	部分	1,2	不包括薪柴
鱼	是	1,2	包括自给渔业，以及用于娱乐的钓鱼（属于文化服务）
水	部分	1,2	不包括住户自己抽取的水
碳封存	部分	4	在存在排放许可或碳排放税的情况下，交易被记录入 SNA 中，但需要评估它们获得这项服务的程度
土壤保持	部分	1	同样的事实（比如，在缺乏生态系统的情况下，泥沙淤积增加）对经济生产既有正面影响（下游农业产量增加），也有负面影响（水坝或水库堵塞）
空气过滤	部分	1	在一定程度上，空气质量可能对房价有影响
水净化	否	4	可由供水部门提供的水净化费用替代
洪水调节	否	4	可以将保险价值视为一种替代
水流调节	部分	1	对水运来说是可以的
气候调节	否	4	对生产率的影响可能小于对空气净化的影响
基于自然的旅游	是	3	需要花费一定费用，如住宿费、餐饮费、门票费用等
基于自然的娱乐	否	3	除停车费等特定费用以外，通常无须花费其他费用
绿地公园	部分	1,2	对房价的影响（对房产中介和自有住房的影响）

资料来源：笔者根据 Barton et al.（2019）、UN（2019）整理得到。

2. 根据服务路径

从服务路径上看，生态系统对人类利益的贡献可能基于四种路径：路径1是指生态系统通过生态系统过程和功能，直接对人类福利产生影响，例如大气调节服务；路径2是生态系统直接作用于人类产生利益，例如娱乐服务；路径3是生态系统通过生态系统过程和功能，进而作为市场生产产品的投入，与劳动力和资本结合共同产生产品，对人类利益产生影响，例如牧草的供给服务；路径4是生态系统直接作用于市场生产进而对人类利益产生影响。四种路径如图5.2所示。

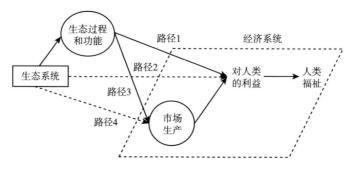

图5.2　生态系统服务路径

资料来源：笔者在EPA（2015）基础上略有修改。

二、基于交换价值的估价方法

本部分主要探讨如何采用与交换价值一致的估价方法来衡量生态系统服务的价值。

生态系统核算旨在提供一个统一的框架，能够将生态系统和生态系统所提供的服务与经济和人类其他活动联系起来（UN，2019），并且使生态系统服务对经济活动的贡献可见（Barton et al.，2019）。为了达到这一目的，所建立的生态系统核算账户必须与国民经济核算账户保持一致，以便支持其与国民经济核算数据直接整合（邱琼和施涵，2018），方便其与国民经济核算信息进行综合和对比。从而，生态系统核算中所使用的估价概念必须要与国民经济核算中所使用的估价概念一致，也即交换价值。那么问题在于，在上述众多的估价方法中，哪些是基于交换价格的估值技术？

目前，学者们对生态系统服务的估价方法主要可以分为两类：一是基

于交换价值；二是进行福利分析。生态系统服务的福利分析首先构建生态
系统服务的效用函数和需求曲线；其次，针对各拟定的政策，评估消费者
剩余的变化情况。福利经济估价方法与交换价值估价方法的区别在于：前
者关注在可选择的情境下消费者剩余的变化，后者关注自由交易市场的均
衡价格（UN et al.，2014）；前者测度了生态系统服务总的价值，后者测度
的是价格（Remme et al.，2015）。因此，以福利为基础的估价方法可能更
适合分析政策性问题，例如，项目的成本—效益分析以及旨在将环境外部
性内部化的政策。

　　从设计方法上来看，基于市场的估价方法以交换价值为基础。而在没
有市场或类似市场的情况下，SNA 推荐根据生产成本来估计经济单位之间
的交换价格。对于基于成本的估价方法，如果假设估算成本是必要时实际
发生的成本，一旦已有的生态系统服务丢失，受益人愿意支付该价格去更
换该服务，那么这些价值就可以被解释为交换价值。这也意味着基于成本
的估价方法所得到的价值低于最大支付意愿（ONS，2017）。因此，基于市
场的估价方法和基于成本的估价方法都符合 SNA 的估价原则。

　　陈述性偏好法和部分揭示性偏好法在估计时采用了支付意愿的概念，
而那些包含消费者剩余的定价方法不能直接用来估计交换价值。例如陈述
性偏好法中的条件价值法和选择实验法都是基于需求曲线，测度了消费者
的支付意愿，该支付意愿中包括消费者剩余，是基于福利经济理论的估价
方法（Hein et al.，2015）。将这两种方法应用于与 SNA 相一致的核算账户
的前提是，所有人都将最终支付他们所愿意支付的最大数额。但这无疑是
模拟市场中的一个很强的假设（Campos et al.，2019）。因此，陈述性偏好
法，以及直接使用的避免行为法和旅行成本法等不符合 SNA 的估价原则，
不适宜用于核算目的的估价（Bateman et al.，2010；UN et al.，2014）。然
而，陈述性偏好法可以用于估计需求曲线，因而在供给曲线已知且能够对
制度背景做出合理假设的情况下，也可以用来估计模拟的交换价值。其基
本思路是：首先，通过旅行费用法、陈述性偏好法或避免行为法等方法估
计出生态系统服务的需求函数；其次，利用观察到的反映供应的行为建立
供应函数模型；最后，利用需求函数和供应函数求出其交点，该交点所对
应的价格就是模拟的交换价值。采用该方法的挑战在于如何创建有意义的
需求函数并估算假想的市场。原则上，该方法可适用于许多类型的生态系
统服务，但最可能适用于估计调节服务和文化服务的价值。

三、不同生态系统服务的适用估价方法

进行价值评估的第一步是识别正在评估的生态系统服务是包含在生产边界之内还是之外。第二步，要确定最终生态系统服务及其对应的产品，以明确最终生态系统服务（如树木）和经济利益（如木材）之间的区别。本部分根据 CICES 的分类以及价值评估步骤，对供给服务、调节与维持服务、文化服务的估价方法进行总结，并将常见的生态系统服务及其适用的估价方法列示于表5.2。

表5.2　　　　　　　　　常见的生态系统服务及其适用的估价方法

生态系统服务类型	生态系统服务	常用的估值方法	说明
供给服务	作物种植	市场价格法、资源租金法	使用资源租金法得到的值可能较低或者是负值，这取决于市场结构
	立木	市场价格法、资源租金法	
	鱼	市场价格法、资源租金法	
	水	市场价格法、资源租金法、替代成本法	
调节与维持服务	碳封存	市场价格法	例如可将英国的非交易碳价格表大致解释为交换价值
	授粉	替代成本法、生产函数法	—
	土壤保持	替代成本法	
	空气过滤	避免损害成本法、替代成本法	主要的难点在于评估生态系统所提供的服务数量
	水净化	替代成本法	—
	洪水调节	避免损害成本法、替代成本法	在不同流域提供的服务取决于风险概率
	水流调节	替代成本法	—
	气候调节	避免损害成本法	—
文化服务	基于自然的旅游	资源租金法、条件价值评估法	这是旅游部门利用自然环境的吸引力获取的资源租金
	基于自然的娱乐	旅行成本法、条件价值评估法	指可以免费进入该场所
	自然景观	享乐价格法、条件价值评估法	通常指房地产周围的自然景观

资料来源：笔者在 Dickson et al.（2017）、Sumarga et al.（2015）、La Notte et al.（2017）、Vardon et al.（2019）基础上修改得到。

（一）供给服务

供给服务包括从未经管理的陆地和水生自然系统（未耕种的生物量）到高度管理的种植园、水产养殖和畜牧系统（耕种的生物量）所收获的生物资源，这些生物资源是为非娱乐性的、消费性用途而收获的。供给服务通常包括在 SNA 的生产边界中（图 5.1 中的途径 1 和途径 2），对生态系统服务的估值侧重于确定生态系统对产品价值的贡献。由于其价值通常是基于市场信息的，更适合采用基于市场的估价方法，例如，市场价格法、资源租金法等。供给服务所需要的数据通常来自市场数据或者调查，以及在现有制度下可观察到的市场价格。对于可收获的资源而言，生产边界是一个重要的考虑因素。生态系统对特定部门产出的贡献可以从该部门产生的增加值中扣除，可以采用资源租金法和生产函数法。如果要在培育的系统中分离出生态系统的贡献，则价值评估就变得更加复杂（Barton et al.，2019）。

在一些情况下，可能存在与自给性农业、林业和渔业相关的大量生态系统服务流，也就是种植和收获的产出没有在市场上出售，而是由家庭直接消费。很多生态系统服务都可能与此有关，包括所有类型的非木材森林产品。按照国民核算体系的概念范围，与这些活动相关的生产应包括在国民账户的产出中，并根据市场上销售的类似商品的价格来估计其交换价值。

（二）调节与维持服务

对调节服务的估价，无论是在概念上还是方法上，都比供给服务更具有挑战性。例如，同样的服务，既可以表现为对其他生态系统的中间服务，也可以表现为对人类的最终服务，区别主要取决于服务的位置（例如，进入海洋中的水和进入水库中的水）或空间规模，较难估计。在某些情况下，这些服务是对 SNA 效益的一种投入。例如，土壤侵蚀服务可能是对农业生产的一种投入；在其他情况下，这些服务是对非 SNA 效益的贡献，特别是对人类健康的改善，如空气过滤服务。通常，这些服务很少有明显的市场，难以在现有的市场价格中确定其相对贡献。

通常，估计调节服务的价值主要是采用基于成本的估价方法（郝林华等，2020）。例如，估计避免的损害、避免的减轻成本或防御支出，或服务的替代成本等。理想情况下，应使用所有这些估计中的最低值作为调节服务价值。在基于成本的估价方法中，替代成本法的使用最广泛，因为该方法最容易估计。恢复成本法在已有文献中也常被使用，但由于该方法的估计结果常大于以工程替代为基础的替代成本法，因而常受到批判。避免损害成本法通常更复杂，需要计算诸多成本，例如，健康成本、基础设施损害等。

除了基于成本的方法以外，调节服务价值还可以利用基于市场的估价方法进行估算，例如，生产函数法和市场价格法，以及陈述性偏好法。许多调节服务都可以使用生产函数来量化，其中，环境投入是影响某些经济活动产出的变量，但由于该方法需要大量数据，因此在实际使用中并不多见。部分调节服务也可以根据观测到的市场交易进行估价，例如，排放交易和生态系统服务付费计划，但是该方法的使用范围有限，特别是在这些价值不能很好反映真正的市场价值时。使用陈述性偏好法来估计调节服务价值更具有挑战性，因为生态系统与人们获得的利益之间的联系可能更难被更广泛的公众所理解。

（三）文化服务

文化服务相对较难界定，主要指积极或消极地利用生态系统及其组成部分以实现一系列人类追求，包括教育、科学、娱乐、放松、运动、社会交往、文化活动、宗教活动、精神满足等。对文化服务价值的评估更具有挑战性，因为价值往往来自生态系统和人力资本的联合产出，同时，文化服务的价值也具有高度的环境特异性。虽然大多数研究成果强调文化价值的娱乐成分，但在现实中，很难将"娱乐"这一成分从各种自然和半自然的户外运动中分离出来，因为这些用途往往是结合在一起的。因此，"文化服务"一词被认为具有一定的误导性，部分学者也将其称为"舒适性服务"，认为它传达了一种"生态系统是令人向往的和有用的"的感觉。

生态系统提供的文化服务部分包括在 SNA 的核算范围内，主要体现在与房地产市场有关的部分交易中，以及与娱乐活动和旅游有关的运输、零售和服务的交易之中。因此，文化服务在很大程度上可以通过享乐价格法所估计的房地产价格溢价以及旅游价值所得到。更困难的任务是如何在生产边界内将文化服务所产生的利益恰当地分配给受益者。例如，当一个人免费参观一个旅游景点时，家庭是直接的受益者。但当一个人住到一家周边自然环境优美的酒店时，文化服务价值就体现在服务部门的产出中。此外，一个人在旅途中可能会使用其他部门生产的商品和服务。因此，文化服务产生的利益通常同时体现在许多经济单位中。图 5.1 中的途径 1、途径 2 和途径 3 可能都包含了文化服务。值得注意的是，购买房地产和旅游可能出于很多原因，并非仅仅为了娱乐。因此，虽然房地产和与旅游有关的交易已经在 SNA 中有所体现，但在生态系统核算中仍要区分生态系统对这些价值的贡献，这时，享乐定价法是一种较好的方法。

对于那些不包括在 SNA 范围内的文化服务，就需要使用非市场价值评估方法对其价值进行评估，主要有旅行成本法、条件价值评估法和选择实验法三种。

第二节　陆地生态系统服务的价值量核算方法

一、各类估价方法的选择顺序

货币价值评估的一个关键问题是应该使用什么方法来衡量每类生态系统服务的货币价值。评估方法的选择对评估结果有重要影响。荷兰的实践结果表明，从概念和实践的角度来看，对于不同的生态系统服务，最好的估价技术分别是：（1）对于供给服务，是基于租金的方法（如农业土地租金价格）；（2）对于调节服务，是替代成本法或避免损害成本法；（3）对于文化服务，是消费支出和享乐价格法（Hein et al.，2020）。

SNA 对估值的一般建议是，如果没有直接观察到的市场价格，可以通过类似市场的价格、相关市场的价格或使用生产成本来估计。按照类似的框架，SEEA EA 建议按照表 5.3 所示的顺序选择适当的估价方法。

表 5.3　　　　　　　　　　各类估价方法的选择顺序

选择顺序	选择方法	具体估价方法
1	价格通过市场直接观察到	市场价格法
2	价格从类似商品或服务的市场中获得	类似商品价格
3	价格体现在市场交易中	资源租金法（剩余价值法）、生产力变化法，以及享乐价格法
4	价格根据相关产品和服务所显示出的支出（成本）得到	避免行为法、旅行成本法

续表

选择顺序	选择方法	具体估价方法
5	价格基于预期支出或市场的方法	替代成本法、避免损害成本和模拟交换价值法
6	其他方法	影子价格法、机会成本法、陈述性偏好法（条件价值评估法和选择实验法）

资料来源：笔者整理。

（1）若价格可以在市场上直接观察到，则采用直接观察价格。衡量生态系统服务最直接并且最有效的方法就是根据其在市场上的交换价值。如果生态系统服务能够在市场上进行交易，则应采用交易的价格作为生态系统服务价值的估计值。例如，如果一个湿地提供水净化服务，那么该湿地的所有者能够向抽水的水务公司收取的费用就是水净化服务的价格；再如，如果将农业用地出租用于作物生产或者放牧，那么土地的租赁价格就可以作为供给服务的价格。

虽然直接观察价值被认为是最符合 SNA 的估价原则的，但通常认为采用此方法会低估生态系统服务的价值，这种现象通常被解释为是对现有制度的反映。有充分的证据表明，在开放环境中所收取的自然资源的资源租金将趋向于零。当直接观察到的价格被认为在经济上不重要（例如进入国家公园的门票费用）时，就不应使用观察到的价格，而应采用其他估值方法。当某项生态系统服务价格可以使用直接观察价格得到时，该生态系统服务的价值会被包含在 SNA 中，所产生的利益与 SNA 利益有关。

除此以外，还可以从特定的排放权交易市场中获取观察到的价值，例如，可以从碳交易市场中获得其交易价格，并用于估计基于碳保留的全球气候调节服务的价格。

（2）根据类似商品和服务的市场价格获得生态系统服务的价值。当无法观察到某一特定生态系统服务的市场价格时，可以根据类似服务的价格获取市场价格的近似值。按照 SNA，一般而言，价格应取自相同或类似商品的市场价格，这些商品的交易数量要足够多。如果目前没有适当的市场交易某一特定商品或服务，涉及该商品或服务的交易的估价可以根据类似商品和服务的市场价格，并对质量、产品成本和其他差异进行调整。例如，当来自一个森林的非木材森林产品（例如蘑菇）已销售，而来自类似森林的非木材森林产品没有销售时，可以用前者观察到的非木材森林产品价格来估计后者的价格，并考虑到产品和其他因素的差异。

（3）若生态系统服务的价格能够体现在市场交易中，那么主要有三种方法来对生态系统服务进行定价，分别为资源租金法（剩余价值法）、生产力变化法以及享乐价格法。这三种方法已经在本章第一节进行过详细论述，此处就不再赘述。

（4）生态系统服务的价格是基于相关商品和服务所显示出来的公开支出（成本）得到的方法，例如避免行为法、旅行成本法。需要注意的是，旅行成本法并不总与交换价值有关，在应用旅行成本法时要留意所计算的价格中是否包括消费者剩余。

（5）生态系统服务的价格是基于预期支出或市场的方法。如果上述四类方法均无法提供有关生态系统服务的价格信息，那么可以根据替代的成本支出或通过模拟市场交易来计算其交换价值。前者的假设前提和思维逻辑是，生态系统服务的损失将直接增加经济单位的货币成本（或减少收入），而市场的存在将有助于揭示这些影响。因此，可以通过估计如果生态系统服务不再提供或在市场上出售，预计会产生的支出来作为生态系统服务价值的替代。主要有替代成本法、避免损害成本法和模拟交换价值法。

（6）在上述五类方法均无法采用时，可以考虑其他方法（上述五种方法优先），但是在使用时要确保其符合交换价值的概念，比如影子价格法、机会成本法、陈述性偏好法（条件价值评估法和选择实验法）。

本书进行方法选择的原则是：首先，根据 SEEA EA 中所提出的估价方法的选取原则，按照 SEEA EA 的推荐顺序，列出每类生态系统服务适合的评估方法；其次，根据该项生态系统服务是否包含在 SNA 中，选择恰当的估值技术；最后，尽可能选择基于现有经济统计数据能够实现的方法。

二、陆地生态系统服务价值量核算账户设计

从理论上说，陆地生态系统服务价值量核算账户中所包含的陆地生态系统服务流应该与实物量核算账户中的相同，但由于一些陆地生态系统服务流较难以货币量的形式进行反映，因此价值量形式的核算账户中所反映的陆地生态系统服务类型很可能小于实物量账户，这点必须在表中进行说明。陆地生态系统服务的价值量核算账户——陆地生态系统服务供给和使用账户如表 5.4 和表 5.5 所示。其中，表 5.4 为价值量形式的供给表，表 5.5 为价值量形式的使用表。

表 5.4　中国陆地生态系统服务供给和使用账户——供给表（价值量形式）

单位：亿元

(1)	(2)	经济单位						陆地生态系统资产							本地生态系统资产的总供给	外地生态系统资产的总供给（进口）	生态系统资产的总供给	总供给
		企业	政府	住户	本地经济单位的供给	外地经济单位的供给	经济单位的总供给	农田	森林	草地	水域和湿地	聚落	荒漠	其他				
	生态系统服务	(3)	(4)	(5)	(6)	(7)	(8)	(9)	(10)	(11)	(12)	(13)	(14)	(15)	(16)	(17)	(18)	(19)
供给服务	作物供给																	
	牧草供给																	
	牲畜供给																	
	养殖水产品供给																	
	木材供给																	
	野生鱼类和其他自然水生生物的供给																	
	野生动物、植物和其他生物的供给																	
	遗传物质供给																	
	水资源供给																	
	其他供给服务																	
调节与维持服务	全球气候调节服务																	
	降雨模式调节服务																	
	当地气候调节服务																	
	空气过滤服务																	
	土壤质量调节服务																	
	土壤和沉积物保留服务																	

续表

生态系统服务		经济单位			本地经济单位的供给	外地经济单位的供给	经济单位的总供给	陆地生态系统资产							本地生态系统资产的总供给	外地生态系统资产的总供给（进口）	生态系统资产的总供给	总供给
		企业	政府	住户				农田	森林	草地	水域和湿地	聚落	荒漠	其他				
(1)	(2)	(3)	(4)	(5)	(6)	(7)	(8)	(9)	(10)	(11)	(12)	(13)	(14)	(15)	(16)	(17)	(18)	(19)
调节与维持服务	土壤废弃物修复服务																	
	水净化服务																	
	水流调节服务																	
	防洪服务																	
	风暴减灾服务																	
	噪声衰减服务																	
	生物防治服务																	
	生境维护服务																	
	其他调节和维持服务																	
文化服务	娱乐相关的服务																	
	视觉享受服务																	
	教育、科学和研究服务																	
	精神、艺术和象征性服务																	
	其他文化服务																	
总供给																		

注：灰色部分为空，为与使用表形式保持一致，本表未删除此部分（第3列至第8列）。

资料来源：UN（2021）。

表 5.5　中国陆地生态系统服务供给和使用账户——使用表（价值量形式）

单位：亿元

生态系统服务 (1)	(2)	经济单位			本地经济单位的使用 (6)	外地经济单位的使用（出口） (7)	经济单位的总使用 (8)	陆地生态系统资产							本地生态系统资产的总使用 (16)	外地生态系统资产的总使用（出口） (17)	生态系统资产的总使用 (18)	总使用 (19)
		企业 (3)	政府 (4)	住户 (5)				农田 (9)	森林 (10)	草地 (11)	水域和湿地 (12)	聚落 (13)	荒漠 (14)	其他 (15)				
供给服务	作物供给																	
	牧草供给																	
	性畜供给																	
	养殖水产品供给																	
	木材供给																	
	野生鱼类和其他自然水生物的供给																	
	野生动物、植物和其他生物的供给																	
	遗传物质供给																	
	水资源供给																	
	其他供给服务																	
调节与维持服务	全球气候调节服务																	
	降雨模式调节服务																	
	当地气候调节服务																	
	空气过滤服务																	
	土壤质量调节服务																	
	土壤和沉积物保留服务																	

续表

(1)	(2) 生态系统服务	经济单位 企业 (3)	政府 (4)	住户 (5)	本地经济单位的使用 (6)	外地经济单位的使用（出口）(7)	经济单位的总使用 (8)	陆地生态系统资产 农田 (9)	森林 (10)	草地 (11)	水域和湿地 (12)	聚落 (13)	荒漠 (14)	其他 (15)	本地生态系统资产的总使用 (16)	外地生态系统资产的总使用（出口）(17)	生态系统资产的总使用 (18)	总使用 (19)
调节与维持服务	土壤吸弃物修复服务																	
	水净化服务																	
	水流调节服务																	
	防洪服务																	
	风暴减灾服务																	
	噪声减减服务																	
	生物防治服务																	
	生境维护和维持服务																	
	其他调节和维持服务																	
文化服务	娱乐相关的服务																	
	视觉享受服务																	
	教育、科学和研究服务																	
	精神、艺术和象征性服务																	
	其他文化服务																	
总使用																		

注：灰色部分为空。
资料来源：UN（2021）。

125

从两种表可以看出，价值量形式的供给表和使用表的形式基本与实物量表一致。陆地生态系统核算区域内的陆地生态系统资产被认为是陆地生态系统服务的提供者。使用者主要是居住在陆地生态系统核算区域内的SNA 认定的不同类型的经济单位（例如企业部门、住户部门和政府部门）。只不过在实物量表中，由于各项生态系统服务的计量单位不同，无法进行列向汇总，因此要标明每项生态系统服务的计量单位。而在价值量表中，只需记录一下整张表的计量单位即可。此外，由于价值量可以汇总，还可以在价值量表下单列总供给和总使用一栏，以从列向上记录每类陆地生态系统资产的供应情况，以及每类经济单位和陆地生态系统资产对陆地生态系统服务的使用情况。

供给表中记录的陆地生态系统服务的供给数据，也可能是由位于 EAA 之外的陆地生态系统资产提供的。例如，住户部门的成员可能会去其他地方旅行，并在这些地方享受生态系统提供的文化服务。这些可以记录在供给表中外地生态系统资产的总供给（进口）一列中。除此以外，供给表中每种生态系统服务的供给都是按照生态系统类型给出的，根据该表，可以估计单项陆地生态系统服务的总供给情况。还能够根据该表计算陆地生态系统产品总值（gross ecosystem product，GEP），该值等于位于陆地生态系统核算区域内的所有生态系统类型在一个核算期间按其交换价值提供的所有最终生态系统服务（即由经济单位使用）的总和，减去从陆地生态系统核算区以外的陆地生态系统资产进口的生态系统服务。

使用表能够记录陆地生态系统核算区域以外的经济单位对生态系统服务的使用情况，以及供其他陆地生态系统资产使用的生态系统服务（即中间服务），以确保由该陆地生态系统资产所产生的生态系统服务可以被完全分配。

第三节　陆地生态系统资产的价值量核算方法

陆地生态系统资产账户记录了每个核算期期初和核算期期末 EAA 范围内的所有陆地生态系统资产的货币价值，以及这些资产价值在核算期间的变化情况。本书遵照 SEEA EA 的核算思路，将单个生态系统资产视为单个实体进行估值，反映了它所提供的生态系统服务的净现值，如生态系统服务流量账户中所记录的那样。

一、生态系统资产估价

（一）估价方法

对生态系统资产进行估价通常采用净现值法（net present value，NPV）。采用该方法需要评估所有生态系统服务的预期流量，并汇总每个生态系统服务的净现值。根据净现值法，生态系统资产的价值可以写作：

$$\sum_{i=1}^{i=s} \sum_{j=\tau}^{j=N} \frac{ES_\tau^{ij}(EA_\tau)}{(1+r_j)^{(j+1-\tau)}} \qquad (5-1)$$

其中，ES_τ^{ij} 为特定生态系统资产 EA_τ 产生的第 i 种生态系统服务在第 j 年的价值；τ 为开始年份或基年，可以将其设定为 0；r_j 为 j 年的贴现率；s 为生态系统服务的总数；N 为资产的使用寿命，如果是可持续性的则可以设置为无限。

在生态系统核算中，一个生态系统资产能够产生一篮子生态系统服务，每一个生态系统服务都需要被单独估值。净现值公式适用于单个生态系统服务，将产生的贴现值汇总就能够得出生态系统资产的货币价值。

特别是，如果生态系统服务价值并不等于利益的市场价值，而生态系统服务价值是根据相关利益的市场价格得到的，那么在计算生态系统服务价值时需要将其他成本排除在外，以便在计算净现值时仅考虑生态系统的贡献。

如果每项生态系统服务的预期未来价值都是以交换价值为基础进行估计的，那么总净现值就是生态系统资产的交换价值。对资产价值的变化原因进行分解，涉及对每种生态系统服务的价格和未来回报的数量变化进行分解。

（二）影响因素

根据式（5-1），有三个方面会对生态系统资产价值产生影响，分别是生态系统产生的各类生态系统服务价值、资产的使用寿命和贴现率。其中，生态系统产生的各类生态系统服务价值主要受生态系统服务流类型、生态系统服务价格以及未来生态系统服务的实物流量影响。

1. 生态系统服务流类型

生态系统服务流类型是指生态系统产生的一篮子生态系统服务的种类。为了更好地反映生态系统资产的货币价值及其随时间的变化情况，应全面考虑生态系统资产可能产生的各种生态系统服务。原则上，某一特定生态系统资产产生的预计生态系统服务流也应包括向其他生态系统资产提供的中间服务，同时还需扣除来自其他生态系统资产的中间服务的使用，而在一个生态系统资产内提供并被使用的中间服务则不需要计算。

2. 生态系统服务价格

对预期生态系统服务价格的估算应采用同交换价值相一致的估值方法，并需要对每种生态系统服务的未来价格进行假设。通常采用的做法是，假设当前时期的价格也适用于未来时期。需要特别注意的是，生态系统服务价格是生态系统资产对收益的贡献，因此首先应该明确区分生态系统服务和收益。

3. 未来生态系统服务的实物流量

未来生态系统服务的实物流量取决于生态系统状况以及对生态系统服务的未来需求，因为生态系统服务的供应和使用必须一致。例如，森林生态系统中与空气过滤服务有关的未来生态系统服务的实物流量将取决于森林的范围和状况、预期污染水平，以及受益于空气过滤服务的当地人口的预期规模和增长情况。针对每种类型的生态系统服务，都要考虑一系列相关因素。

对生态系统服务的估计需从服务的供应和使用角度进行综合考虑，因此估算生态系统服务的未来流量时，还必须考虑预期的社会经济背景。这种背景既包括一般的社会经济因素（如人口和收入），还包括与空间有关的因素或与个别生态系统服务有关的因素，如生态系统的可及性增加会影响娱乐相关服务的需求；降低污染物浓度的法规的出台将减少对空气过滤服务的需求。

因此，在估计生态系统服务的未来供应量和需求量时，应根据生态系统服务的类型，以不同的方式确定其未来流量。供给服务的未来流量可能是自然资源和培育性生物资源供需方面的函数；调节和维护服务的未来流量更有可能是随时间变化的风险函数，例如来自污染和排放、洪水和气候变化的风险。文化服务可能会受到需求因素的驱动，如人口增长和一些其他因素，如城市规划以及旅游和娱乐的趋势等。

4. 资产的使用寿命

生态系统资产的使用寿命是指一项生态系统资产预计能够产生生态系统服务的时间长度。对资产使用寿命的估计应基于对生态系统资产状况的考虑。当预计生态系统资产能被长期使用时，可以假设资产寿命为无限，或者采用100年的最大资产寿命。同时，对资产使用年限的估计应基于目前的生态系统使用模式，而非预期或最佳的一种使用模式。特别的是，在确定了资产的使用寿命之后，需要对该生态系统资产提供的所有生态系统服务应用相同的资产使用寿命。

5. 贴现率

贴现率反映了货币的时间价值，其大小体现了当代人对自身利益和后代利益之间的权衡。可将其分为社会贴现率和个人贴现率两种。社会贴现率是指能够把整个社会的成本和收益折算为真实社会现值的贴现率，反映了政府的时间偏好；个人贴现率是指对个人在自身利益和后代利益之间的权衡，反映了个人的时间偏好。

贴现率的选择与生态系统服务的使用者有关。当使用者为私人单位时，应该采用反映个体的、基于市场的贴现率；当使用者为群体或整体时，则应该采用反映集体利益的社会贴现率。一般而言，社会贴现率的具体数值可参照政府所采用的贴现率，这些贴现率反映了社会的偏好。如果没有这一数值，可以考虑使用长期政府债券利率作为替代。

出于对生态系统稀缺性越发增强以及替代可能性有限的考虑，通常认为生态系统服务的相对价格会上涨。荷兰环境评估署（PBL）建议对供给服务（例如农作物生产）使用3%的正常贴现率，而对于难以替代的生态系统服务使用低于2%的贴现率。参照这些建议，荷兰在编制生态系统资产账户时，对供给服务和文化服务选择了3%的贴现率，而对于更加稀缺且难以替代的调节服务，选择了2%的贴现率（Hein et al.，2020）。

二、陆地生态系统资产的价值量核算账户设计

（一）陆地生态系统资产账户形式

根据上述内容，可以编制陆地生态系统资产的价值量核算账户，其基本形式如表5.6所示。

表5.6　　陆地生态系统资产价值量核算账户

期初/期末价值	农田		林地			草地			水域和湿地				聚落			荒漠			未利用土地	
	水田	旱地	有林地	……	其他林地	高覆盖度草地	中覆盖度草地	低覆盖度草地	河渠	……	滩地	沼泽地	城镇	农村居民点	工矿	沙地	……	高寒荒漠	裸土地	裸岩砾石地
期初价值																				
生态系统改善																				
生态系统退化																				
生态系统转换																				
增加																				
减少																				
生态系统资产数量的其他变化																				
灾难性损失																				
重新评估																				
重估价																				
价值的净变化																				
期末价值																				

资料来源：笔者在UN（2021）基础上适当修改得到。

表 5.6 中，横行标题为陆地生态系统资产的期初价值、期末价值，以及陆地生态系统资产价值变化的原因。纵栏标题反映了陆地生态系统资产的类型。根据本书对中国陆地生态系统的分类，可将其分为农田、林地、草地、水域和湿地、聚落、荒漠以及未利用土地 7 个一级类以及 25 个二级类。

（二）陆地生态系统资产账户核算项目

陆地生态系统资产价值的变动原因主要有五个，分别是：生态系统改善、生态系统退化、生态系统转换、因价格变化而导致的重估，以及生态系统资产的其他变化。

1. 生态系统改善

生态系统改善是指在一个核算期间生态系统资产价值的增加，它与该核算期间生态系统资产状况的改善有关。生态系统资产价值的增加表现为该资产所提供的生态系统服务的预期未来回报的净现值的增加。发生改善的原因可能是自然的或是在非管理状态下的，也可能是人为的。

并非所有的生态系统资产价值增加都能被记录为生态系统改善。生态系统改善应该仅记录那些因生态系统状况的改善而导致的资产价值的增加。根据目前和预期的生态系统管理和使用模式，可以合理地预期生态系统服务的未来流量增加。归因于对生态系统服务预期需求变化的价值增加应记录为向上的重新评估。仅仅由于生态系统服务价格的变化造成的价值增加应记录为重估价。

同时，生态系统改善是根据核算期期初记录的生态系统资产的范围来衡量的。如果生态系统资产的范围发生变化，也就是说，在核算期间，生态系统类型发生了变化（转换到另一种），那么应该单独记录这种变化，并将这些变化记录在生态系统转换项目中。

2. 生态系统退化

生态系统退化是指在一个核算期间生态系统资产价值的减少，这通常与该资产在核算期间生态系统状况的下降有关。价值的减少主要表现为该资产所提供的生态系统服务的预期未来回报的净现值的减少。

并非所有价值的减少都应记录为生态系统退化，生态系统退化应只记录那些因生态系统状况下降而导致的生态系统资产价值的下降。这些下降是在综合考虑了当前和预期的生态系统管理和使用模式，以及预期的环境变化后，由预期未来生态系统服务流量的减少而导致的。

131

由大规模的、个别的和可识别的事件导致的生态系统价值减少，如造成生态系统资产状况的重大损失，则应记录为灾难性损失。由于对生态系统服务的预期需求变化而导致的价值减少，应记录为向下的重新评估。仅仅由于生态系统服务单位价格的变化而造成的价值减少，应记录为重估价。

生态系统退化是根据核算期期初记录的生态系统资产范围来衡量的。如果核算期间生态系统资产范围发生了变化，即生态系统资产从一种生态系统类型转换为另一种，则应单独记录这种变化，并将其记录在生态系统转换项目中。

对生态系统退化的计量可以针对生态系统资产进行，而不必具体考虑生态系统资产的法律或经济所有权。然而，出于核算目的，有必要将生态系统退化成本进行分配，将其归属至多个经济单位或机构部门。

SEEA 中央框架自然资源的损耗定义为，在一个核算期间，由于经济单位对自然资源的开采超过了再生水平而导致的自然资源存量的减少。因此，自然资源耗损也是生态系统退化的一部分，因为自然资源的存量被认为是生态系统资产的组成部分。损耗一词被保留下来，仅指使用自然资源的成本。这一衡量标准的范围将比生态系统退化更窄，因为它只涉及未来供给服务的损失。然而，对耗损的经济范围的衡量将更广泛，因为它包括由于开采而造成的不可再生资源存量的净现值的下降，特别是矿产和能源资源，因为这些资源不属于生态系统资产的范围。

3. 生态系统转换

生态系统转换是指特定地点的生态系统类型发生了变化，这种变化涉及生态结构、组成和功能上的明显而持续的变化，这种变化主要体现为生态系统服务供应的变化及预期未来回报上的变化。

生态系统转换在生态系统资产的实物量核算方面主要表现为生态系统范围的变化。某类生态系统范围的增加意味着就有另一类或几类生态系统范围的减少，通常情况下，所有增加和减少的面积之和相等。

在价值量核算上，在转出类型中记录生态系统资产价值的减少，在转入类型中记录生态系统资产价值的增加。和实物量核算不同的是，增加和减少的价值量并不相等。生态系统转换既可能导致生态系统资产价值总和的增加，也可能导致生态系统资产价值总和的减少，具体情况仍取决于预期生态系统服务流的变化。

还可根据转换原因对其进一步分类，例如农业扩张、城市化加剧、生态破坏或开垦等。

4. 重估价

重估价是指在一个核算期间，由于生态系统服务价格变化所造成的生态系统资产价值的变化。除此以外，重估价还应包括由于净现值模型中假设的参数（如贴现率）的改变而引起的生态系统资产价值的变化。

如果生态系统资产的价值是因未来生态系统服务流量的数量或质量变化而发生改变的，则不应被视为重估价，而应酌情记录为生态系统增强、生态系统退化、生态系统转换或其他变化。

5. 生态系统资产的其他变化

生态系统资产的其他变化是指不能被记录在生态系统增强、生态系统退化、生态系统转换和重估价中的，由其他原因引起的生态系统资产价值量的变化，包括灾难性损失和重新评估两个方面。

灾难性损失记录由于大规模、个别的和可识别的事件而导致的生态系统资产状况的重大损失，即结构、功能或组成方面的重大损失，进而影响未来的生态系统服务流，例如地震、丛林火灾、飓风等。如果生态系统能够迅速恢复到以前的状态，那么对生态系统服务的未来流动的影响可能是暂时的；如果事件导致一些生态系统服务无法再被提供，那么该影响就可能是永久性的。如果事件的影响足够大，以至于生态系统类型发生了变化，则应将其记录为生态系统转换。

当有最新的证据表明，生态系统的预期使用状况或使用模式将发生改变，则应重新评估生态系统资产的预期状况或使用模式对未来生态系统服务流的影响，这种情况应被记录为重新评估。例如，人口的变化影响到对生态系统服务的未来需求，以及土地规划的改变或极端事件也会导致生态系统服务流，这些都应被记录在重新评估中。

第六章　陆地生态系统专题核算

——以森林生态系统资产负债表为例

第一节　陆地生态系统专题核算账户设置与选择

一、陆地生态系统专题核算账户设置

本书从第三章到第五章构建了一个较为完整的陆地生态系统核算账户体系，包括陆地生态系统范围账户、陆地生态系统状况账户、实物量形式的陆地生态系统供给和使用账户、价值量形式的陆地生态系统供给和使用账户，以及陆地生态系统资产核算账户。这些账户能够提供关于陆地生态系统及其服务的较为全面的数据，同时也支持将陆地生态系统核算数据纳入经济核算数据中。然而，这些账户并不能适用于所有的政策分析，有时考察人与环境的关系时还需要将特定主题的多方面数据进行整合，并且考虑到具体的应用环境和政策背景等。

专题账户能够将陆地生态系统核算账户中的数据同环境经济核算数据、国民经济核算数据相整合，以便基于特定主题，对相关数据进行讨论和分析。总体来看，设置专题账户、进行专题核算的好处在于，能够整合特定主题方面的相关信息，并将其用于支持该方面的报告和决策需求。目前，常见的专题核算账户主要有：生物多样性核算账户、气候变化核算账户、城市区域核算账户等。

二、陆地生态系统专题核算账户选择

2018 年，联合国"自然资本核算与生态系统服务估价"项目在贵州省启动试点，意味着具有中国特色的自然资源资产负债表编制工作将会为推

动全球生态系统核算的发展提供中国经验。在中国自然资源资产负债表的试点编制过程中，森林生态系统因其巨大的生态价值而备受关注（张颖和石小亮，2016）。森林生态系统不仅能够为人类提供大量的木材和林副产品，而且在维持生物圈稳定、改善生态环境等方面也起着重要作用。因此，本书将以专题核算的形式将森林生态系统资产负债表纳入中国陆地生态系统核算体系中。一方面是为了在陆地生态系统核算体系中突出中国特色，另一方面是为了将中国自然资源资产负债表研究同国际生态系统核算体系相对接。

目前，国内大多数学者仅将林地、林木作为森林资源资产负债表的核算对象（魏钰琼等，2019；张志涛等，2018；张卫民和李辰颖，2019；张颖和潘静，2016；石薇等，2018）。虽然也有部分学者考虑到了森林的整体性，尝试将森林生态系统服务价值纳入森林资源资产负债表的核算范围（闫慧敏等，2017；杨艳昭等，2017；张瑞琛，2020），但是，如果直接将单项自然资源与生态系统放在同一个核算框架内，可能会出现重复计算，以及存量和流量混用等问题（UN et al.，2014a，2014b），因此SEEA2012：CF提出了将单项自然资源同生态系统分开核算的思路。

因此，参照SEEA2012：CF的核算思路，本书认为对森林生态系统进行核算可从森林资源和森林生态系统两个视角进行。前者主要是从单项自然资源的视角对森林生态系统进行核算，核算内容包括林地资源和林木资源，进而能够编制林地资源资产负债表和林木资源资产负债表；后者主要是从生态系统整体视角对森林生态系统进行核算，核算内容包括森林生态系统资产和森林生态系统服务，进而能够编制森林生态系统资产负债表。

第二节　森林生态系统资产负债表核算内容及方法

一、森林生态系统资产

界定生态系统资产是编制森林生态系统资产负债表的首要前提。所谓生态系统资产，是一个由生物和非生物成分及其他共同作用的特征所组成的空间区域。依据我国自然资源资产负债表的编制目的以及森林生态系统同经济体系之间的关系，可将森林生态系统资产分为两个层次（石薇等，2018）：第一个层次为"客观存在的森林生态系统资产"，主要指我国领土范围内的所有森林生态系统，该层次的生态系统资产不受经济资产的限制，只需满足"所有权"；第二个层次为"进入经济体系的森林生态系统资产"，主要指那些进入经济体系、参与经济过程的森林生态系统，该层次的生态系统资产要受到经济资产的限制，需满足"所有权""有效控制"和"能够产生预期收益"。从核算手段上看，森林生态系统资产核算主要涉及实物量和价值量两个层面。其中，实物量核算是价值量核算的基础，反映了特定时点上森林生态系统的范围和状况；价值量核算是实物量核算的延伸，反映了森林生态系统资产的货币价值，其核算结果便于同经济核算结果相衔接（高敏雪等，2018）。

（一）森林生态系统资产的实物量核算

根据 SEEA2012：EEA，森林生态系统资产的实物量核算涉及森林生态系统范围和森林生态系统状况两个方面。前者反映森林生态系统资产的规模，后者反映森林生态系统资产的整体质量。森林生态系统范围的界定以测度土地覆盖面积为重点，包括识别生态系统所处的地理位置，以及与其他生态系统资产之间的位置关系。森林生态系统范围的变化通常体现为生态系统土地覆盖类型的变化。

森林生态系统状况账户通常以能够反映森林生态系统特征的基本资源账户为基础。森林生态系统特征既包括其生命和非生命组成部分的特征，例如水、土壤、碳、植被、生物多样性、生物量等，还包括外界环境或人为因素对生态系统造成的压力等相关方面的特征（Maes et al.，2018）。每一个特征都有一系列指标与之对应。例如，可以用物种丰度指标显示生物多样性特征，用叶面积指数、生物量等指标显示植被特征等。

尽管国际上对森林生态系统状况缺乏统一的定义，但其构建的森林生态系统状况指标体系所反映的内容却较为一致，主要包括生态系统结构和功能、生物多样性、环境质量、土壤和压力五个方面（De Jong et al.，2016；Remme and Hein，2016）。本章对其进行了梳理，部分常用二级指标如表6.1所示。对森林生态系统状况进行核算要着重考虑那些能够反映森林生态系统状况变化的特征，指标的选取和使用也应建立在生态学家不断试验的基础之上。对于大多数生态系统，2~6个指标就能够提供生态系统资产状况的可靠信息。

表 6.1　　　　　　　　　　森林生态系统状况指标

一级指标	二级指标
结构和功能	枯木率，森林破碎化与连通性，生物量，植物生产力，林龄结构，树冠密度，碳储量，森林结构的异质性，森林结构的同质性，冠层体积，叶面积指数
生物多样性	物种多样性，遗传多样性，物种丰度，系统发育多样性，遗传变异性
环境质量	对流层臭氧浓度，氮、硫酸盐、硫、钙和镁的浓度
土壤	土壤有机碳含量，土壤 pH 值，土壤冲蚀指数，土壤生物多样性，土壤容重，土壤含水量
压力	栖息地变化，昆虫爆发、害虫破坏和寄生虫，气候变化，过度开发，物种入侵，污染，富营养化

资料来源：笔者整理得到。

综合来看，测度森林生态系统状况共有两个步骤：首先，挑选一系列与森林生态系统相关的关键特征，并根据这些特征选择其对应的各项指标；其次，将各项指标同参照指标或参照基准进行对比，以测度生态系统状况相对于核算期期初的变化情况。

（二）森林生态系统资产的价值量核算

在实物量核算的基础上，对森林生态系统资产进行价值量核算可通过计算预期森林生态系统服务的净现值得来，其基本步骤为：首先，确定预期森林生态系统服务流；其次，估算预期森林生态系统服务流的价值；最后，计算预期森林生态系统服务流的净现值，也就是森林生态系统资产的价值。

1. 确定预期森林生态系统服务流

森林生态系统服务是为了增加人类福祉而被直接享有、消耗或使用的自然组成部分（石薇和李金昌，2017），也即最终森林生态系统服务。确定预期森林生态系统服务流之前要先明确森林生态系统资产的类型、预期使用模式以及经营目的，并以此来识别最终生态系统服务。SEEA2012：EEA将生态系统服务区分为供给服务、调节服务和文化服务三类。针对森林生态系统，供给服务通常是指有形林产品的供应，主要包括木材和非木材林产品；调节服务主要包括涵养水源、保育土壤、固碳制氧、净化空气、养分循环、防风固沙等；文化服务主要包括休闲娱乐服务（赵同谦等，2004；王兵和鲁绍伟，2009）。在确定预期森林生态系统服务流时，需注意分清各项森林生态系统服务之间的"协同"和"竞争"关系，以免引起重复计算（Boyd and Banzhaf，2007）。具有"协同"关系的生态系统服务是可以共存的，而具有竞争关系的生态系统服务则存在此消彼长的关系，并且很有可能不可兼得。例如，森林在提供空气净化服务的同时，也可以提供休闲娱乐服务，这两类服务就形成了"协同"关系；而森林在提供木材供给服务时，可能会对休闲娱乐服务进行损害，进而产生了"竞争"关系。如此，若在计算森林生态系统服务价值时，既计算了所有林木资源价值，也计算了涵养水源、净化空气的价值，就会造成生态系统服务价值的高估，因为若森林提供的林木资源超过了其可持续发展能力，就会对涵养水源、净化空气的能力造成影响，二者存在"竞争"关系，不能加总计算。

2. 估算预期森林生态系统服务流的价值

估算预期生态系统服务流的价值涉及对单项生态系统服务的估价。目前，常用的估价方法主要有资源租金法、重置成本法、旅行成本法、享乐价格法、生产函数法、条件价值评估法和选择实验法等。其中，资源租金法适用于供给服务的估价，重置成本法适用于调节服务的估价，旅行成本法和享乐价格法适用于文化服务的估价。在选择估价方法时还应注意该方法的理论基础是否与 SNA 一致（Fisher and Turner，2008；Johnston and Russell，2011；De Groot et al.，2012）。

3. 计算森林生态系统资产的价值

遵循 SEEA2012：EEA 的核算思路，森林生态系统资产的估价多使用净现值法。使用该方法有两个假设前提：一是每种森林生态系统服务的净现值是可分离的；二是可以分别考虑每种森林生态系统服务流的总价值和价值变化。净现值法下森林生态系统资产的价值是指在当前管理水平下，森林生态系统资产所产生的一篮子预期森林生态系统服务流的净现值总和。在预期折现率保持不变的情况下，净现值的计算公式可以表示为：

$$V = \sum_{t=1}^{n} \frac{R_t}{(1+i)^t} \tag{6-1}$$

其中，V 为森林生态系统资产的价值，R_t 为 t 期的预期森林生态系统服务价值，n 为资产寿命，i 为每期折现率。在森林生态系统资产本身或者人类社会经济发展没有发生质变时，森林生态系统服务的价格是一定的（窦闻等，

2003)。假定森林生态系统保持永续发展，且每期的预期森林生态系统服务流相等，记作 R，则净现值的公式可以写作：

$$V = \frac{R}{i} \tag{6-2}$$

由此，可计算得到森林生态系统资产的价值。

二、森林生态系统负债

（一）森林生态系统负债界定

资产和负债均是对报告主体经济活动的描述，只有纳入经济活动范围的生态系统才有可能存在负债。因此，森林生态系统负债与第二个层次的森林生态系统资产相对应，对其进行界定需要从森林生态系统及其与人类活动之间的关系来寻找思路。一方面，森林生态系统会为人类活动提供一系列生态系统服务；另一方面，人类活动对森林生态系统服务的过度利用又会对生态系统产生影响。当人类对某项森林生态系统服务的利用超过了该生态系统服务的可持续最大产量时，就会对生态系统范围或生态系统状况产生影响，进而使生态系统提供生态系统服务的能力减少，导致整个森林生态系统资产价值下降。本书将这种情况视为人类活动对森林生态系统的负债，进而将森林生态系统负债定义为由于经济主体对森林生态系统的过度利用而导致的一种现时义务。

（二）森林生态系统负债临界值的确认

对森林生态系统负债进行核算首先要确定森林生态系统负债临界值。本书所提出的"森林生态系统负债临界值"的概念来源于"生态阈值"。阈值又称临界值，最早提出于 20 世纪 70 年代（唐海萍等，2015），主要指生态系统从一种状况快速变成另一种状况的某个点或一段区域（Huggett，2005）。向书坚（2016）首先将"临界点"的概念应用到了自然资源负债的确认中，石薇（2018）以此为基础探讨了"林木资源负债临界值的确认方法"。本章将临界值的概念引入森林生态系统负债的确认中，以图更好地理解森林生态系统资产和负债之间的关系。

森林生态系统负债临界值就是确保森林生态系统能够维持可持续发展

的最大可利用量。由于森林生态系统能够产生一系列生态系统服务，因此其负债临界值不是一个数值，而是一系列数值，用来反映森林生态系统在维持当前状况和可持续发展的前提下，生态系统服务的最大供应量。在计算森林生态系统负债临界值时，要考虑以下两点：一是该临界值要能够反映森林生态系统所产生的一篮子生态系统服务的可持续利用水平以及生态系统服务之间的竞争性使用，即某项生态系统服务的最大可持续产量不应影响其他生态系统服务的供应；二是要考虑需求，在缺乏对某项服务的需求时，该项服务就没有交换价值，也就不存在对应的负债临界值。

综合上述两点，使用森林生态系统容量作为森林生态系统负债的临界值便是可行的。森林生态系统容量是在维持森林生态系统现状和当前的使用方式下，该生态系统产生某项生态系统服务的最大可持续产量，且该产量不会影响其他生态系统服务的供应。若将森林生态系统负债临界值（即森林生态系统容量）用 $LT_i(i=1,2,\cdots,n)$ 来表示，则 LT_i 可以写作：

$$LT_i = f_i(E_t, C_t, M_t \mid D_i, S_i) \tag{6-3}$$

其中，$i=1,2,\cdots,n$ 代表 n 种森林生态系统服务，t 代表某一给定年度，E_t 代表 t 年的森林生态系统范围，C_t 代表 t 年的森林生态系统状况，M_t 代表 t 年的管理水平，D_i 代表对第 i 种森林生态系统服务的需求，S_i 代表第 i 种森林生态系统服务的最大可持续供应量。

在其他条件不变的前提下，若所有实际的森林生态系统服务流全部低于或等于森林生态系统负债临界值，生态系统服务的供应就能够保持永续。相反，若某项森林生态系统服务流高于森林生态系统负债临界值，就会影响其他生态系统服务的供应，也就产生了生态系统负债。令实际的森林生态系统服务流量为 $SF_i(i=1,2,\cdots,n)$，则 SF_i 可以写作（Hein et al.，2016）：

$$SF_i = f_i(E_t, C_t, M_t \mid D_i) \tag{6-4}$$

对于不同的森林生态系统服务，其负债临界值的确定思路并不一致。对于供给服务，该值主要取决于所涉及服务的再生能力，而再生能力通常取决于森林生态系统状况、生物种群规模等因素。对于调节服务，由于其产生自生态系统过程和功能，其供应过程本身不会对森林生态系统造成影响，因而在生态系统不发生改变的前提下，调节服务被认为是可持续的，可令负债临界值等于实际的生态系统服务流。对于文化服务，其负债临界

值为没有过度拥挤且不对生态系统造成损害的情况下的活动人数。

供给服务和文化服务实际产生的生态系统服务流可能大于、等于或小于负债临界值，若实际的生态系统服务流大于其负债临界值，则会产生负债。通常认为调节服务不会引起负债。

（三）森林生态系统负债核算

从外在上看，森林生态系统负债主要表现为生态系统状况和生态系统范围的下降或减少；从内在上看，森林生态系统负债体现为由预期生态系统服务流的减少所引起的森林生态系统资产价值的减少。考虑到可比性，可以采用货币价值来体现森林生态系统负债值。其具体表现为由于经济和其他人类活动导致的森林生态系统资产价值的减少，不包括自然因素和价格水平变动导致的森林生态系统资产价值的减少。

将实际产生的森林生态系统服务流记为 $SF_i(i=1,2,\cdots,n)$，若 $SF_i > LT_i$，则实际产生的生态系统服务流大于生态系统负债临界值，就会对生态系统状况和范围造成影响，从而产生负债。在其他条件不变的情况下，负债的大小可以用核算期期初的森林生态系统资产价值减去核算期期末的森林生态系统资产价值来表示。

第三节　森林生态系统资产负债表核算框架

与两个层次的森林生态系统资产相对应，森林生态系统资产负债表核算框架也有两个层次：第一个层次为森林生态系统资产核算账户；第二个层次为森林生态系统资产负债表。

一、森林生态系统资产核算账户

从核算内容上看，森林生态系统资产核算主要包括三个方面，分别是森林生态系统范围、森林生态系统状况和预期森林生态系统服务流。森林生态系统范围和森林生态系统状况反映了森林生态系统的数量和质量，并决定了森林生态系统产生特定生态系统服务的能力，它们的变化会引起预期生态系统服务流的变化。

（一）森林生态系统范围账户

生态系统资产范围一般都是根据其土地覆盖范围来进行测度的。本章参照 SEEA2012：CF 中的土地资源账户，并根据森林生态系统资产的两个层次，编制了森林生态系统范围及其变化账户，如表 6.2 所示。

表 6.2　　　　　　　　森林生态系统范围及其变化账户

期初/期末存量	进入经济体系					未进入经济体系				
	防护林	用材林	经济林	薪炭林	特种用途林	防护林	用材林	经济林	薪炭林	特种用途林
期初存量										
存量增加										
人为活动增加										
自然因素增加										
重估调增										
存量增加合计										
存量减少										
人为活动减少										
自然因素减少										
重估调减										
存量减少合计										
期末存量										

资料来源：笔者整理。

表 6.2 中，纵栏标题为各类森林生态系统。本章首先根据资产的两个层次，将其分为进入经济体系的森林生态系统以及未进入经济体系的森林生态系统。其次参照《国家森林资源连续清查技术规定（2014）》，根据森林的经营目标，将其分为防护林、用材林、经济林、薪炭林以及特种用途林。除上述分类外，还可以根据森林原生状态的程度、树种、林龄及所有权归属等特征进一步区分。

横行的核算项目主要有期初存量、存量增加、存量减少以及期末存量四种，并遵循"期初存量＋存量增加－存量减少＝期末存量"的平衡关系。其中，存量增加可以按照引起增加的原因分为人为活动增加、自然因素增加以及重估调增；存量减少可按照引起减少的原因分为人为活动减少、自然因素减少以及重估调减。人为活动增加和减少分别反映人为活动所引起的森林生态系统的增加和减少，自然因素增加和减少分别反映自然因素所引起的森林生态系统的增加和减少，重估调增和调减则反映由于使用更新信息而对森林生态系统面积进行重新评估的更正量。

（二）森林生态系统状况账户

森林生态系统状况账户记录并反映有关森林生态系统状况和质量特征的各种信息，这些信息的变化能够在一定程度上反映生态系统服务的变化。选择森林生态系统状况指标应考虑如下因素：一是该指标与森林生态系统服务的联系程度；二是该指标所能够反映的生态系统整体状况或其中关键过程的程度；三是决策者和一般公众是否容易理解并正确解释该指标；四是数据的可用性以及指标测度方法的科学有效性；五是以低成本有效生成新数据的可能性。基于上述内容，本章设计了森林生态系统状况账户，如表 6.3 所示。

表 6.3　　　　　　　　　　　森林生态系统状况账户

生态系统状况	防护林	用材林	经济林	薪炭林	特种用途林
结构和功能					
生物多样性					
环境质量					
土壤					
压力					

资料来源：笔者整理。

表 6.3 的纵栏标题为各类森林生态系统，横行标题为反映生态系统状况的各类一级指标。二级指标需根据具体情况进行选取。

（三）森林生态系统资产价值量账户

以森林生态系统核算单位为基础，根据资产账户的核算原则，可以设计森林生态系统资产价值量账户，如表 6.4 所示。其中，纵栏标题为森林生态系统的核算单元，可以先以基本空间单元、土地覆盖/生态功能单元为基本的核算单元进行核算，然后汇总形成森林生态系统核算单元层面上的资产账户。森林生态系统资产价值量账户记录了森林生态系统资产的期初存量价值、期末存量价值及其在核算期间的增加和减少，分别以 V_{0i}、V_{1i}、D_{0i}、$D_{1i}(i=1,\cdots,n)$ 表示，其中 i 代表 n 种生态系统资产，并满足 $V_{0i} + D_{0i} - D_{1i} = V_{1i}$ 的核算关系。其存量的增加和减少按照引起增减的原因可分为四类，分别是自然原因引起的存量增减、人为原因引起的存量增减、重新分类调增/调减、重估价调增/调减。

表 6.4   森林生态系统资产价值量账户

期初/期末存量	森林生态系统核算单元				
	防护林	用材林	经济林	薪炭林	特种用途林
期初存量	V_{01}	V_{02}	V_{03}	V_{04}	V_{05}
存量增加	D_{01}	D_{02}	D_{03}	D_{04}	D_{05}
自然原因引起的增加					
人为原因引起的增加	C_{01}	C_{02}	C_{03}	C_{04}	C_{05}
重新分类调增					
重估价调增					
存量减少	D_{11}	D_{12}	D_{13}	D_{14}	D_{15}
自然原因引起的减少					
人为原因引起的减少	C_{11}	C_{12}	C_{13}	C_{14}	C_{15}
重新分类调减					
重估价调减					
期末存量	V_{11}	V_{12}	V_{13}	V_{14}	V_{15}

资料来源：笔者整理。

存量增加和存量减少记录由于森林生态系统的数量和质量变化（不包括重分类变化引起的质量和数量变化）、价格变化以及重分类变化所引起的森林生态系统资产价值的增加和减少。其中，根据森林生态系统数量和质量变化的原因，将其分为由于自然原因引起的增减和由于人为原因引起的增减。由于生态系统服务价格的变化所引起的生态系统资产价值的变化被记录在重估价调增和重估价调减账户中。

二、森林生态系统资产负债表

森林生态系统资产负债表的核算范围为第二个层次的森林生态系统资产，也即进入经济体系的森林生态系统，其基本表式如表 6.5 所示。

表 6.5　　　　　　　　　　　森林生态系统资产负债表

森林生态系统	期初资产负债表			资产负债变化			期末资产负债表		
	资产	负债	净值	资产	负债	净值	资产	负债	净值
防护林	V_{01}	0	V_{01}	$D_{01}-D_{11}+\max(F_1,0)$	$\max(F_1,0)$	$D_{01}-D_{11}$	$V_{11}+\max(F_1,0)$	$\max(F_1,0)$	V_{11}
用材林	V_{02}	0	V_{02}	$D_{02}-D_{12}+\max(F_2,0)$	$\max(F_2,0)$	$D_{02}-D_{12}$	$V_{12}+\max(F_2,0)$	$\max(F_2,0)$	V_{12}
经济林	V_{03}	0	V_{03}	$D_{03}-D_{13}+\max(F_3,0)$	$\max(F_3,0)$	$D_{03}-D_{13}$	$V_{13}+\max(F_3,0)$	$\max(F_3,0)$	V_{13}
薪炭林	V_{04}	0	V_{04}	$D_{04}-D_{14}+\max(F_4,0)$	$\max(F_4,0)$	$D_{04}-D_{14}$	$V_{14}+\max(F_4,0)$	$\max(F_4,0)$	V_{14}
特种用途林	V_{05}	0	V_{05}	$D_{05}-D_{15}+\max(F_5,0)$	$\max(F_5,0)$	$D_{05}-D_{15}$	$V_{15}+\max(F_5,0)$	$\max(F_5,0)$	V_{15}
合计									

资料来源：笔者计算整理得到。

145

　　引起森林生态系统资产价值变化的原因主要有三个，分别是：人类活动引起的生态系统资产价值变化、自然原因引起的生态系统资产价值变化以及价格因素所导致的生态系统资产价值变化。森林生态系统负债仅包括由于人类活动引起的生态系统资产价值的减少。表6.4记录了由于人为原因引起的森林生态系统资产的增加及减少，分别记作 C_{0i} 和 $C_{1i}(i=1,2,3,4,5)$，令 $F_i = C_{1i} - C_{0i}$。在一个核算期间（通常可设置为领导干部的任职期间），若 $F_i > 0$，则确认森林生态系统负债，负债值的大小为 F_i；若 $F_i \leq 0$，则不确认森林生态系统负债，负债值为零。综合来看，在核算期期末，可将各类森林生态系统的负债记作 $\max(F_i, 0)$，资产记作 $V_{1i} + \max(F_i, 0)$，净值记作 V_{1i}，则森林生态系统资产负债表如表6.5所示。

第七章 中国陆地生态系统范围和状况账户编制实践

尽管许多国家都已针对本国国情开展了生态系统核算方面的研究，并针对本国的重要资源开发了自己的生态系统核算账户。中国作为联合国"自然资本核算与生态系统服务估价"项目成员国之一，已在贵州省开展了相关试点工作。但目前试点内容仍聚焦于具有中国特色的自然资源资产负债表编制，仅从单项资源着手，缺乏对生态系统整体的研究，同其他国家的生态系统核算内容有较大差异。

本章探讨了如何根据中国陆地生态系统核算框架，在国家层面上构建中国的陆地生态系统核算账户。其中，第一节为中国地理信息概况，介绍了中国的地形、地势以及气候情况。第二节和第三节编制了中国陆地生态系统核算账户，主要包括中国陆地生态系统范围账户和中国陆地生态系统状况账户。由于缺乏相关数据，本章尚未编制中国陆地生态系统服务的实物量账户。此外，本章在编制中国陆地生态系统核算账户中所选择的陆地生态系统服务和反映陆地生态系统状况的指标，主要是根据数据可得性进行选取的，而非管理重要性。本章在选择数据时主要基于三个标准：一是数据是公开可获取的；二是数据是基于国家尺度的空间数据；三是具有多个年份的数据，以便构建时间序列数据并能及时对账户进行更新。

第一节 中国地理信息概况

中国陆地面积约为 960 万平方千米，东部和南部大陆海岸线 1.8 万多千米，内海和边海的水域面积约 470 万平方千米①。省级行政区划为 23 个省、5 个自治区、4 个直辖市、2 个特别行政区。

---

① 资料来源：中华人民共和国中央人民政府网站（https：//www.gov.cn/guoqing/）。

一、地形和地势

我国的地形多种多样，在我国辽阔的大地上，有雄伟的高原、有起伏的山岭、有广阔的平原、有低缓的丘陵，还有四周群山环抱的盆地。全球陆地上的5种基本地貌类型，我国均有分布。在我国，山区面积广大，人们通常把山地、丘陵和比较崎岖的高原合称为山区，那么山区面积将占陆地面积的33%，这是我国地形的又一显著特征。除了延绵的山脉，我国还有四大高原、四大盆地、三大平原，分别占我国陆地总面积的26.04%、18.75%和11.98%[①]。

多种多样的地形为农林牧副渔多种经营提供了有利条件。我国山区面积广大，森林、矿产、水力、旅游资源丰富，有利于发展林业、采矿业及旅游业。平原面积较小，耕地面积不足，不利于大规模商品化农业的生产。

我国地势西高东低，大致呈三级阶梯状分布。第一级阶梯地形以高原为主，平均海拔4000米以上，主要的地形区为青藏高原和柴达木盆地。第二级阶梯地形以高原、盆地为主，平均海拔在1000~2000米，主要的地形区为内蒙古高原、黄土高原、云贵高原、准噶尔盆地、塔里木盆地和四川盆地。第三级阶梯地形以平原、丘陵为主，海拔多在500米以下，主要的地形区为东北平原、华北平原、长江中下游平原、辽东丘陵、山东丘陵和东南丘陵。随着地势逐级下降，河流在一级、二级阶梯的过渡地带形成巨大落差，蕴藏着丰富的水能资源。

二、气候

我国季风气候显著，具有夏季高温多雨、冬季寒冷少雨、高温期与多雨期一致的季风气候特征。由于我国位于世界最大的大陆——亚欧大陆东部，又在世界最大的大洋——太平洋西岸，西南距印度洋也较近，因此气候受大陆、大洋的影响非常显著。冬季盛行从大陆吹向海洋的偏北风，夏季盛行从海洋吹向陆地的偏南风。冬季风产生于亚洲内陆，性质寒冷、干燥，在其影响下，我国大部分地区冬季普遍降水少，气温低，北方更为突

---

① 资料来源：中华人民共和国中央人民政府网站（http://www.gov.cn/guoqing/2005 - 09/13/content_2582624.htm）。

出。夏季风来自东南面的太平洋和西南面的印度洋，性质温暖、湿润，在其影响下，降水普遍增多，雨热同季。我国受冬、夏季风交替影响的地区广，是世界上季风最典型、季风气候最显著的地区。与世界同纬度的其他地区相比，我国冬季气温偏低，夏季气温偏高，气温变化幅度大，降水主要集中于夏季，这些都是大陆性气候的特征。综合而言，我国的季风气候明显，大陆性气候较强，故又称作大陆性季风气候。

从气候类型上看，我国东部主要是季风气候，从南到北有热带季风气候、亚热带季风气候、温带季风气候，西北地区大多是温带大陆性气候，青藏高原是独特的高原气候，西部高山地区表现出明显的垂直气候特征。从温度带的划分看，有热带、亚热带、暖温带、中温带、寒温带和青藏高原区。从干湿地区划分看，有湿润地区、半湿润地区、半干旱地区、干旱地区之分。同一个温度带内，可含有不同的干湿区；同一个干湿地区中又含有不同的温度带。我国的干湿地区及其天然植被分布如表7.1所示。在相同的气候类型中，也会有热量与干湿程度的差异。地形的复杂多样，也使气候更具复杂多样性。

表7.1　　　　　　　中国干湿地区的分布及其天然植被类型

干湿地区	主要分布地区	主要天然植被类型
湿润地区	东北山地、秦岭—淮河线以南、青藏高原东南部等	森林
半湿润地区	东北平原、华北平原、黄土高原大部分等	森林草原
半干旱地区	内蒙古高原东部、黄土高原一部分、青藏高原大部分、天山山地等	草原
干旱地区	内蒙古高原西部、塔里木盆地、柴达木盆地、准噶尔盆地、青藏高原西北部等	荒漠草原、荒漠

气候条件的优势，外加复杂多样的气候，使世界上大多数农作物和动植物都能在我国找到适宜生长的地方，如此使得我国的农作物与动植物资源都非常丰富。

第二节　中国陆地生态系统范围账户

中国陆地生态系统范围账户能够显示各类陆地生态系统的范围和面积

大小，由陆地生态系统范围核算表和陆地生态系统类型转移矩阵两个部分构成，能够分别显示各个类型生态系统的面积及其变化情况。原则上，区别不同的生态系统资产类型应采用基于生态学的方法，并依赖于生态学家对不同的生物和非生物成分的组成、结构和功能及其相互作用的全面或定期的实地评估。但在实际操作上，由于实地评估的成本过高，通常采用卫星遥感数据来获取生态系统类型数据，并使用地理信息系统（GIS）平台和技术对数据进行整理和分析。在数据整理过程中需要生态专家加入，以确保就所采用的生态系统类型而言，生态系统资产之间的边界划分在生态方面是适当的。

为了更为准确地在 GIS 系统内对陆地生态系统资产进行划分，可以使用基本空间单位（basic spatial unit，BSU）这一概念。BSU 是一个几何结构，代表一个小的空间区域，其常见形式是网格单元。BSUs 能够为生态系统核算提供一个基础的数据框架，在这个框架内，特征相同的一系列数据可以被合并。

本章基于 Arcgis，编制了 1980 年、1990 年、1995 年、2000 年、2005 年、2010 年、2015 年、2020 年的中国陆地生态系统范围核算表，以及 2020 年各省份生态系统范围核算表。为了展示中国陆地生态系统范围在 1980～2020 年的变化情况，还编制了中国陆地生态系统类型转换矩阵。

一、陆地生态系统范围核算表

本书基于数据的可得性和一致性，结合我国学者常用的分类习惯，将中国陆地生态系统分为农田生态系统、森林生态系统、草地生态系统、水域和湿地生态系统、荒漠生态系统、聚落生态系统以及其他生态系统 7 大类，并在其下设置若干小类。基础数据来自中国科学院地理科学与资源研究所的土地利用遥感监测数据，土地利用的遥感分类标准如表 7.2 所示。

表 7.2 陆地生态系统分类与土地利用分类对应

生态系统类型	土地利用/土地覆盖遥感分类系统中的类别
农田生态系统	水田 11、旱地 12
森林生态系统	密林地（有林地）21、灌丛 22、疏林地 23、其他林地 24

续表

生态系统类型	土地利用／土地覆盖遥感分类系统中的类别
草地生态系统	高覆盖度草地31、中覆盖度草地32、低覆盖度草地33
水域和湿地生态系统	沼泽地64、河渠41、湖泊42、水库43、冰川与永久积雪44、滩涂45、滩地46
聚落生态系统	城镇51、农村居民地52、工矿53
荒漠生态系统	沙地61、戈壁62、盐碱地63、高寒荒漠67
其他生态系统	裸土地65、裸岩砾石地66

资料来源：笔者整理。

　　据此，可以编制中国陆地生态系统范围账户，包括中国陆地生态系统范围核算（见表7.3）和2020年各省份生态系统范围核算（见表7.4）。表中数据来自中国科学院地理科学与资源研究所的土地利用遥感监测数据，并经过处理得到，具体处理方法如表7.2所示。因为遥感数据有一定误差，所以各个年份的生态系统面积之和不完全相等，误差大约是0.05%。

　　通过表7.3可以看出，在1980～2020年，农田生态系统的面积稍有增长，增长的比例大约为1.14%，增加约2万平方千米；森林生态系统的面积略有增长，增长比例为0.035%，增加约0.08万平方千米；草地生态系统的面积有较大幅度的下降，降低比例为11.12%，减少约33.89万平方千米；水域和湿地生态系统的面积略有增长，增长比例为6.42%，增加约2.45万平方千米；荒漠生态系统增长比例为2.58%，增加约3.32万平方千米；聚落生态系统增长幅度最大，增长比例为80.86%，增加约12.04万平方千米；其他生态系统增长比例为23.02%，增加约14.24万平方千米。

　　综合来看，除草地生态系统面积有较大幅度下降，森林生态系统面积基本维持不变以外，剩余类型生态系统面积均有所提高。其中从比例上看，聚落生态系统的增长最快。

　　从各省份数据来看（见表7.4），农田生态系统面积最大的省份为黑龙江，达到173280平方千米，除此以外，面积大于10万平方千米以上的省份还有4个，依次是四川（117350平方千米）、内蒙古（113450平方千米）、河南（103062平方千米）和山东（100633平方千米）；森林生态系统面积最大的省份为云南，面积达到了217793平方千米，除此以外，面积大于10万平方千米以上的省份还有8个，依次是黑龙江（191692平

151

表 7.3　1980～2020 年中国陆地生态系统范围核算

单位：万平方千米

生态系统类型	土地覆被类型及代码		1980年	1990年	1995年	2000年	2005年	2010年	2015年	2020年
农田生态系统	11	水田	47.31	47.24	47.31	47.41	46.58	46.50	46.50	45.97
	12	旱地	128.90	129.94	128.90	132.65	132.74	132.28	132.11	132.24
		总计	176.20	176.20	175.51	180.05	179.32	178.78	178.60	178.21
森林生态系统	21	有林地	137.20	137.41	137.20	136.55	136.06	135.86	135.40	137.11
	22	灌木林	48.64	48.32	48.64	48.80	48.91	48.86	48.69	46.90
	23	疏林地	35.32	35.27	35.32	34.97	35.10	34.89	34.73	36.20
	24	其他林地	4.52	4.50	4.52	3.96	4.51	5.01	5.20	5.54
		总计	225.68	225.68	227.70	224.28	224.59	224.62	224.02	225.76
草地生态系统	31	高覆盖度草地	102.04	100.44	102.04	99.64	99.58	99.60	99.51	77.63
	32	中覆盖度草地	109.62	110.52	109.62	109.23	108.60	108.50	108.15	96.10
	33	低覆盖度草地	93.12	92.89	93.12	92.24	91.83	91.81	91.40	97.17
		总计	304.79	304.79	223.81	301.11	300.02	299.91	299.06	270.90
水域和湿地生态系统	41	河渠	3.70	3.66	3.70	3.63	3.68	3.67	3.70	4.75
	42	湖泊	7.66	7.54	7.66	7.56	7.62	7.49	7.67	8.23
	43	水库坑塘	2.94	3.27	2.94	3.60	3.91	3.95	4.15	5.41
	44	永久性冰川雪地	8.50	6.96	8.50	6.92	6.92	6.91	6.90	4.55
	45	滩涂	0.79	0.67	0.79	0.60	0.56	0.61	0.59	0.48

续表

生态系统类型	土地覆被类型及代码		1980年	1990年	1995年	2000年	2005年	2010年	2015年	2020年
水域和湿地生态系统	滩地	46	5.18	4.96	5.18	5.05	4.86	5.04	5.01	6.32
	沼泽地	64	9.32	8.73	9.32	8.20	8.06	8.02	7.84	10.80
	总计		38.08	38.08	86.61	35.56	35.61	35.70	35.85	40.53
聚落生态系统	城镇用地	51	2.15	2.50	56.94	3.31	4.20	4.64	5.21	7.45
	农村居民点	52	11.80	12.00	48.97	12.53	12.77	12.87	13.15	14.44
	其他建设用地	53	0.95	1.17	13.52	1.40	1.87	2.28	3.82	5.04
	总计		14.89	9.24	16.44	17.24	18.84	19.79	22.19	26.93
荒漠生态系统	沙地	61	56.94	56.98	128.67	57.18	57.39	57.26	56.98	59.75
	戈壁	62	48.97	49.47	2.15	48.74	48.62	48.56	48.31	57.91
	盐碱地	63	13.52	13.61	11.80	13.64	13.45	13.33	13.09	10.70
	其他	67	9.24	9.21	0.95	9.25	9.26	9.25	9.22	3.63
	总计		128.67	14.89	76.44	128.82	128.72	128.40	127.60	131.99
其他生态系统	裸土地	65	3.01	2.99	3.01	2.91	2.95	2.93	2.93	9.80
	裸岩石质地	66	58.84	59.90	58.84	60.18	60.17	60.18	60.19	66.29
	总计		61.85	61.85	67.47	63.09	63.12	63.11	63.12	76.09
总计			950.17	950.15	949.99	950.14	950.21	950.31	950.43	950.41

资料来源：笔者计算得到，基础数据来自资源环境科学与数据中心。

方千米）、四川（168514 平方千米）、内蒙古（165131 平方千米）、西藏（163008 平方千米）、广西（148973 平方千米）、湖南（131177 平方千米）、广东（107104 平方千米）和江西（102241 平方千米）；草地生态系统的面积各省份的分布差异较大，面积最大的四个省份依次是西藏（554940 平方千米）、内蒙古（526219 平方千米）、新疆（481250 平方千米）和青海（390601 平方千米），四个省份的草地生态系统面积总和占全国草地生态系统总面积的 72.25%；水域和湿地生态系统面积最多的省份为西藏（92253 平方千米），是第二名黑龙江的近 2 倍；有一半以上（52.14%）的荒漠生态系统都集中在新疆，剩余的荒漠生态系统也几乎都分布在我国的西北地区，例如内蒙古（239013 平方千米）、青海（140657 平方千米）、甘肃（115898 平方千米）、西藏（115489 平方千米）等省份。

表 7.4　　　　　　　　2020 年各省份生态系统范围核算　　　　　单位：平方千米

省级行政单位	农田生态系统	森林生态系统	草地生态系统	水域和湿地生态系统	聚落生态系统	荒漠生态系统	其他生态系统
北京	3546	7521	1278	452	3519	0	1
天津	5768	468	300	1875	3134	34	7
河北	90151	37439	32485	5807	21254	286	41
山西	57749	44028	43994	1526	8587	26	46
内蒙古	113450	165131	526219	35020	15201	239013	50829
辽宁	60821	60680	4706	6892	12525	113	62
吉林	76226	83842	6708	7560	7946	7881	59
黑龙江	173280	191692	22116	50273	10898	3628	239
上海	3152	86	90	1562	3012	0	0
江苏	62534	3069	888	14432	21362	1	87
浙江	23491	64298	2342	3133	8609	0	40
安徽	77666	32072	8323	7320	14690	0	26
福建	20529	75809	18300	1669	5331	0	88
江西	44119	102241	7189	7782	5436	0	13
山东	100633	8912	8489	9551	26607	84	208
河南	103062	27095	8959	4320	22043	0	19

省级行政单位	农田生态系统	森林生态系统	草地生态系统	水域和湿地生态系统	聚落生态系统	荒漠生态系统	其他生态系统
湖北	66848	91859	7058	11889	7769	0	49
湖南	59440	131177	6817	8224	5751	0	30
广东	42097	107104	7619	7240	13156	48	46
广西	56577	148973	20569	3772	6338	10	23
海南	8531	21255	1163	1238	1382	57	0
重庆	37463	33376	7543	1319	2398	0	6
四川	117350	168514	170842	8930	6214	54	13468
贵州	48330	92965	31162	1129	2382	0	30
云南	66796	217793	85312	3941	4725	1	1530
西藏	7444	163008	554940	92253	556	115489	266193
陕西	66639	48345	78135	1661	5254	4170	251
甘肃	63968	38279	143252	6211	5543	115898	51358
青海	8539	28265	390601	48311	1612	140657	77902
宁夏	17354	2780	23346	1121	2340	3671	1042
新疆	89728	27470	481250	38276	9017	687559	294937
台湾	6610	24582	1109	1431	2132	0	28
香港	51	550	126	37	206	0	0
澳门	0	5	0	0	22	0	0

资料来源：笔者计算得到基础数据来自资源环境科学与数据中心。

二、陆地生态系统类型转移矩阵

除了展示各类生态系统的面积大小，陆地生态系统范围账户还能够列示生态系统的类型变化情况。本书根据 1980~2020 年的陆地生态系统类型变化情况，根据马尔科夫转移矩阵分别得到 1980~1990 年、1990~2000 年、2000~2010 年、2010~2020 年以及 1980~2020 年的陆地生态系统类型转移矩阵，如表 7.5~表 7.9 所示。

表 7.5 1980～1990 年陆地生态系统类型转移矩阵 单位：平方千米

		1980 年土地利用类型							
		农田	森林	草地	水域和湿地	聚落	荒漠	其他	汇总
1990 年土地利用类型	农田	1193889	248042	179499	44482	93251	10027	1569	1770759
	森林	241650	1724578	244461	20008	8508	4322	8787	2252314
	草地	175833	240692	2368995	50091	8490	106089	86398	3036588
	水域和湿地	40647	20052	44222	220539	4179	13393	12698	355730
	聚落	97107	9006	9295	6082	32894	1605	264	156253
	荒漠	10248	4340	103609	16005	1097	1108607	47966	1291872
	其他	1633	7814	95856	21163	184	39981	461089	627720
	汇总	1761007	2254524	3045937	378370	148603	1284024	618771	

资料来源：笔者计算。

表 7.6 1990～2000 年陆地生态系统类型转移矩阵 单位：平方千米

		1990 年土地利用类型							
		农田	森林	草地	水域和湿地	聚落	荒漠	其他	汇总
2000 年土地利用类型	农田	1198812	253121	195231	45047	93087	12320	1878	1799496
	森林	244504	1712676	242000	19750	8685	5109	7782	2240506
	草地	169079	243711	2344481	43238	8229	104344	96074	3009156
	水域和湿地	40679	19543	43889	214859	4871	15378	13726	352945
	聚落	105353	9854	9718	5192	39954	1597	219	171887
	荒漠	10589	4359	111645	14032	1260	1105632	39060	1286577
	其他	1717	9029	89616	13511	154	47484	468980	630491
	汇总	1770733	2252293	3036580	355629	156240	1291864	627719	

资料来源：笔者计算。

表 7.7　　　　　　　　2000～2010 年陆地生态系统类型转移矩阵　　　　单位：平方千米

		2000 年土地利用类型							
		农田	森林	草地	水域和湿地	聚落	荒漠	其他	汇总
2010 年土地利用类型	农田	1765077	3268	11592	3396	312	3721	441	1787807
	森林	5827	2231913	7720	319	76	295	36	2246186
	草地	6087	3577	2983597	1814	68	3728	205	2999076
	水域和湿地	4278	898	2049	347070	182	1315	139	355931
	聚落	18718	2887	1496	1559	171765	945	27	197397
	荒漠	175	97	4279	1151	14	1277197	14	1282927
	其他	387	126	344	247	6	182	630791	632083
	汇总	1800549	2242766	3011077	355556	172423	1287383	631653	

资料来源：笔者计算。

表 7.8　　　　　　　　2010～2020 年陆地生态系统类型转移矩阵　　　　单位：平方千米

		2010 年土地利用类型							
		农田	森林	草地	水域和湿地	聚落	荒漠	其他	汇总
2020 年土地利用类型	农田	1086392	309766	202683	56614	99383	21134	3194	1779166
	森林	300137	1541536	333034	24949	16050	7047	26004	2248757
	草地	184891	301993	1798050	59801	10862	153093	195662	2704352
	水域和湿地	52503	39967	102527	150677	11357	23975	17088	398094
	聚落	144747	27081	20545	11149	57243	4545	755	266065
	荒漠	12116	6094	239598	17535	1464	972439	68955	1318201
	其他	2202	11592	295151	32429	278	98756	317985	758393
	汇总	1782988	2238029	2991588	353154	196637	1280989	629643	

资料来源：笔者计算。

表 7.9　　　　　　　　　　1980~2020 陆地生态系统类型转移矩阵　　　　　　单位：平方千米

		1980 年土地利用类型							
		农田	森林	草地	水域和湿地	聚落	荒漠	其他	汇总
2020 年土地利用类型	农田	1051734	316638	234173	65562	84005	23238	3712	1779062
	森林	297711	1540296	341417	25543	11530	7085	25084	2248666
	草地	181645	305436	1793175	68865	8841	156773	189565	2704300
	水域和湿地	52391	40743	105507	149152	7084	25703	17157	397737
	聚落	161222	28304	23251	11512	35458	5010	909	265666
	荒漠	10340	5586	247578	18459	1068	966691	68477	1318199
	其他	2105	11646	295207	38004	225	98274	312915	758376
	汇总	1757148	2248649	3040308	377097	148211	1282774	617819	

资料来源：笔者计算。

可以看到，40 年间，各种类型的生态系统都在不断地进行相互转化。就农田生态系统而言，1980 年共有农田 1761007 平方千米，到 1990 年，在原有的农田生态系统中，有 241650 平方千米的农田变成了森林，175833 平方千米的农田变成了草地，40647 平方千米的农田变成了水域和湿地，97107 平方千米的农田变成了聚落，10248 平方千米的农田变成了荒漠，1633 平方千米的农田变成了其他生态系统。总体来看，在 1980 年的原有 1761007 平方千米农田中，仅有 1193889 平方千米在 1990 年仍为农田。虽然有部分农田转化为其他类型的生态系统，但也会有其他类型的生态系统转化为农田。10 年间，共有 248042 平方千米的森林、179499 平方千米的草地、44482 平方千米的水域和湿地、93251 平方千米的聚落、10027 平方千米的荒漠、1569 平方千米的其他生态系统转化成了农田，因此最终来看，10 年间，农田生态系统的面积并没有太大的变化。同理，可知其他类型生态系统的相互转化情况，此处不做赘述。

可以对变化较大的生态系统类型进行重点分析。先来分析聚落生态系统从 1980~2020 年的总变化情况。这 40 年中，聚落生态系统的绝对增量最大，从起初（1980 年）的 14.82 万平方千米达到了 2020 年的 26.57 万平方千米，增长了 79.28%。在聚落生态系统的变化中，由农田转化为聚落的有 16.12 万平方千米，所占比重最大；其次是森林和草地，分别为 2.83 万平方千米和 2.33 万平方千米。同时，原有的聚落生态系统格局也发生了很大的变化，有 8.4 万平方千米转化成了农田生态系统，有 1.15 万平方千米转化成了森林生态系统。40 年间聚落生态系统"净转出"情况如表 7.10 所示。

表 7.10　　　　　　　　40 年间聚落生态系统"净转出"　　　　　　单位：平方千米

时间段（年）	农田	森林	草地	水域和湿地	荒漠	其他	汇总
1980～1990	−3856	−498	−805	−1903	−508	−80	−7650
1990～2000	−12266	−1169	−1489	−321	−337	−65	−15647
2000～2010	−18406	−2811	−1428	−1377	−931	−21	−24974
2010～2020	−45364	−11031	−9683	208	−3081	−477	−69428
1980～2020	−77217	−16774	−14410	−4428	−3942	−684	−117455

资料来源：笔者计算。

其中，"净转出"指的是 10 年或 40 年之间，由聚落生态系统转化的某一特定类别生态系统的面积减去该类生态系统转化为聚落生态系统的面积，体现了聚落生态系统和某一特定类别生态系统之间的相互转化关系，结果为正说明聚落生态系统面积有所减少。可以看出，聚落生态系统在 1980～1990 年的增长幅度并不算太大，有 0.77 万平方千米。1990～2000 年的增长量是 1980～1990 年的约 2 倍，增加了 1.56 万平方千米；2000～2010 年增加了 2.50 万平方千米，但到了 2010 年以后，呈现出一种快速增长的趋势，10 年间增加了 6.94 万平方千米，占 2010 年聚落生态系统总面积的 35.17%。

从绝对量上来看，森林生态系统并没有发生较大的变化，但是森林和其他生态系统之间的转变却在一直发生。40 年间，有 29.77 万平方千米的农田生态系统、34.14 万平方千米的草地生态系统、2.55 万平方千米的水域和湿地生态系统、1.15 万平方千米的聚落生态系统以及 0.71 万平方千米的荒漠生态系统变为了森林生态系统，同时也有 31.66 万平方千米、30.54 万平方千米、4.07 万平方千米、2.83 万平方千米以及 0.56 万平方千米的森林生态系统分别转换成了农田、草地、水域和湿地、聚落和荒漠生态系统。40 年间森林生态系统的"净转出"如表 7.11 所示。

表 7.11　　　　　　　**40 年间森林生态系统"净转出"**　　　　单位：平方千米

时间段（年）	农田	草地	水域和湿地	聚落	荒漠	其他	汇总
1980～1990	6392	-3769	44	498	18	-973	2210
1990～2000	8617	1711	-207	1169	-750	1247	11787
2000～2010	-2559	-4143	579	2811	-198	90	-3420
2010～2020	9629	-31041	15018	11031	-953	-14412	-10728
1980～2020	22079	-37242	15434	15509	-1883	-14048	-151

资料来源：笔者计算。

　　草地在 40 年间共减少了 33.60 万平方千米，其主要原因是，从草地生态系统转出的大于转入的，从而导致草地生态系统的"净转出"。从数据上看，草地生态系统对农田、森林、水域和湿地、聚落、荒漠和其他生态系统的"净转出"分别为 5.31 万平方千米、3.72 万平方千米、3.77万平方千米、1.34 万平方千米、9.19 万平方千米和 10.26 万平方千米，其中，由草地转为荒漠和其他生态系统（包括裸土地和裸岩石质地）的最多，占"净转出"的 58.45%，证明草地在 40 年间的退化情况较为严重。40 年间的草地生态系统"净转出"情况如表 7.12 和图 7.1 所示。

表 7.12　　　　　　　**40 年间草地生态系统"净转出"**　　　　单位：平方千米

时间段（年）	农田	森林	水域和湿地	聚落	荒漠	其他	汇总
1980～1990	3666	3769	-5869	805	-2480	9458	9349
1990～2000	26152	-1711	651	1489	7301	-6458	27424
2000～2010	5505	4143	235	1428	551	139	12001
2010～2020	17792	31041	42726	9683	86505	99489	287236
1980～2020	53115	37242	37743	13405	91877	102628	336010

资料来源：笔者计算。

　　从 10 年间的变化数据看，草地在 1980～1990 年、1990～2000 年、2000～2010 年，虽然数量都有不同程度的减少，但减少幅度并不大。而在 2010～2020 年草地生态系统的面积发生锐减，草地净转化为荒漠和其他生态系统（主要是裸土地和裸岩石质地）的最多。

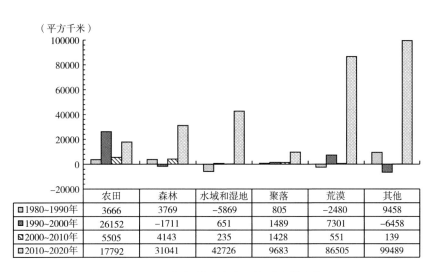

（平方千米）

	农田	森林	水域和湿地	聚落	荒漠	其他
□1980~1990年	3666	3769	-5869	805	-2480	9458
■1990~2000年	26152	-1711	651	1489	7301	-6458
▨2000~2010年	5505	4143	235	1428	551	139
▥2010~2020年	17792	31041	42726	9683	86505	99489

图7.1　40年间草地生态系统"净转出"

资料来源：笔者整理。

农田生态系统在40年间面积有所增加，其"净转出"情况如表7.13所示。作为转入方，除了聚落生态系统以外，农田生态系统对于其他任何生态系统而言都是"净转入"，其唯一"净转出"是聚落生态系统。40年间，农田生态系统对聚落生态系统的"净转出"有7.72万平方千米，占1980年聚落生态系统面积的约52%。

表7.13　　　　　　　**40年间农田生态系统"净转出"**　　　　单位：平方千米

时间段（年）	森林	草地	水域和湿地	聚落	荒漠	其他	汇总
1980~1990	-6392	-3666	-3835	3856	221	64	-9752
1990~2000	-8617	-26152	-4368	12266	-1731	-161	-28763
2000~2010	2559	-5505	882	18406	-3546	-54	12742
2010~2020	-9629	-17792	-4111	45364	-9018	-992	3822
1980~2020	-18927	-52528	-13171	77217	-12898	-1607	-21914

资料来源：笔者计算。

除此以外，水域和湿地生态系统、荒漠生态系统以及其他生态系统的"净转出"情况如表7.14~表7.16所示。

表 7.14　　　　　　　40 年间水域和湿地生态系统"净转出"　　　　单位：平方千米

时间段（年）	农田	森林	草地	聚落	荒漠	其他	汇总
1980～1990	3835	－44	5869	1903	2612	8465	22640
1990～2000	4368	207	－651	321	－1346	－215	2684
2000～2010	－882	－579	－235	1377	－164	108	－375
2010～2020	4111	－15018	－42726	－208	－6440	15341	－44940
1980～2020	13171	－15200	－36642	4428	－7244	20847	－20640

资料来源：笔者计算。

表 7.15　　　　　　　40 年间荒漠生态系统"净转出"　　　　单位：平方千米

时间段（年）	农田	森林	草地	水域和湿地	聚落	其他	汇总
1980～1990	－221	－18	2480	－2612	508	－7985	－7848
1990～2000	1731	750	－7301	1346	337	8424	5287
2000～2010	3546	198	－551	164	931	168	4456
2010～2020	9018	953	－86505	6440	3081	29801	－37212
1980～2020	12898	1499	－90805	7244	3942	29797	－35425

资料来源：笔者计算。

表 7.16　　　　　　　40 年间其他生态系统"净转出"　　　　单位：平方千米

时间段（年）	农田	森林	草地	水域和湿地	聚落	荒漠	汇总
1980～1990	－64	973	－9458	－8465	80	7985	－8949
1990～2000	161	－1247	6458	215	65	－8424	－2772
2000～2010	54	－90	－139	－108	21	－168	－430
2010～2020	992	14412	－99489	－15341	477	－29801	－128750
1980～2020	1607	13438	－105642	－20847	684	－29797	－140557

资料来源：笔者计算。

　　可以看出，40 年间，荒漠生态系统的面积增量主要是来自草地，同时，荒漠也在不断地转化为农田、森林、水域和湿地、聚落以及其他生态系统，说明荒漠治理取得了一定的成效，但也要注意防止草地生态系统的退化。

第三节　中国陆地生态系统状况账户

一、中国陆地生态系统状况总账户

陆地生态系统状况账户汇集了反映生态系统状况的多个方面的指标，例如植被覆盖率、空气质量指标、土壤特性指标和生物多样性等，以全面概述生态系统的具体情况。本节根据国家尺度上相关数据的可得性，选取了 NDVI 来对生态系统的状况情况加以说明。

NDVI 的全称为归一化植被指数，其构造的原理是：与其他波长相比，健康的植被（叶绿素）能够反射更多的近红外光（NIR）和绿光；但却能吸收更多的红光和蓝光。于是，可以通过测量近红外光（植被强烈反射）和红光（植被吸收）之间的差异来量化植被的健康程度，其具体的计算公式为：

$$NDVI = \frac{NIR - R}{NIR + R} \tag{7-1}$$

其中，NIR 和 R 分别为近红外波段和红波段的反射率值。如果 R 很小接近 0，则 $NDVI$ 值接近于 1；如果 NIR 值很小，则 $NDVI$ 值接近 -1；如果 NIR 和 R 近似相等，则 $NDVI$ 值接近 0。因此，$NDVI$ 的范围始终为 $-1 \sim +1$。

对于每种类型的土地覆盖而言，NDVI 并没有明确的界限。但是，当 $NDVI$ 为负数时，表示该区域有可见光的高度反射，该区域很可能是水域；当 $NDVI$ 接近于零时，则表示该区域没有绿叶，有岩石或裸土等，很有可能是城市化区域；如果 $NDVI$ 为正值，表示有植被覆盖，且随覆盖度增大而增大；当 $NDVI$ 值接近 $+1$ 时，则表示该区域很有可能是茂密的森林。

NDVI 是衡量健康植被的标准化方法。当具有较高的 NDVI 值时，植被就会更健康。当 NDVI 较低时，表示植被较少或没有植被。

根据 1999~2019 年 NDVI 数据，可以描绘各年 NDVI 的变化趋势（见图 7.2），并编制中国陆地生态系统状况账户（以 NDVI 数据为例），如表 7.17 所示。

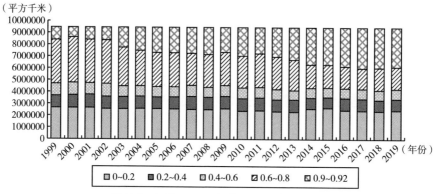

图 7.2　1999～2019 年度 NDVI 变化趋势

资料来源：徐新良. 中国年度植被指数（NDVI）空间分布数据集. 中国科学院资源环境科学数据中心数据注册与出版系统。

表 7.17　　　　　　　　　**1999～2019 年度中国陆地生态系统状况**

总账户（NDVI）　　　　　　　　　　　　　单位：平方千米

NDVI	1999 年	2000 年	2001 年	2002 年	2003 年	2004 年	2005 年
0～0.2	2657513	2655546	2662027	2572953	2561166	2588819	2578147
0.2～0.4	1018726	1074043	1109390	1029872	1017501	1037231	979881
0.4～0.6	1009125	1042516	961194	1081711	909648	880812	878822
0.6～0.8	3714011	3840865	3677904	3687028	3255336	2978432	2875837
0.9～0.92	1058841	845246	1047701	1086652	1714565	1972922	2145529
总计	9458216	9458216	9458216	9458216	9458216	9458216	9458216
NDVI	2006 年	2007 年	2008 年	2009 年	2010 年	2011 年	2012 年
0～0.2	2552005	2519660	2502343	2585578	2389343	2433781	2358390
0.2～0.4	1018738	1094896	1040812	1046984	1056891	1084966	1010269
0.4～0.6	852952	940982	851629	916029	908759	888441	868288
0.6～0.8	2872025	2699271	2755747	2795698	2681232	2834221	2730954
0.9～0.92	2162496	2203407	2307685	2113927	2421991	2216807	2490315
总计	9458216	9458216	9458216	9458216	9458216	9458216	9458216
NDVI	2013 年	2014 年	2015 年	2016 年	2017 年	2018 年	2019 年
0～0.2	2318705	2584882	2661560	2475746	2432256	2395668	2453678
0.2～0.4	1044505	933355	912215	1025778	1007618	942019	968384
0.4～0.6	780815	836635	809691	832607	840924	831360	845097
0.6～0.8	2572351	1960602	1929173	1833345	1735049	1880969	1859989
0.9～0.92	2741840	3142742	3145577	3290740	3442369	3408200	3331068
总计	9458216	9458216	9458216	9458216	9458216	9458216	9458216

资料来源：徐新良. 中国年度植被指数（NDVI）空间分布数据集. 中国科学院资源环境科学数据中心数据注册与出版系统。

从图7.2和表7.17可以看出，从1999年开始，NDVI为0～0.2以及0.8～1的比重不断增加，说明中国城市化区域面积不断增大，同时陆地生态系统的健康状况不断向好。

除此以外，还可以根据生态系统分布情况，分别计算各类生态系统的NDVI均值，如表7.18和图7.3所示。

表7.18　　　　　　　　　中国主要年份各类生态系统 NDVI 均值

生态系统类型	2000 年	2005 年	2010 年	2015 年	2019 年
农田生态系统	0.6792	0.7305	0.7422	0.7474	0.7617
森林生态系统	0.7403	0.7856	0.7921	0.8324	0.8295
草地生态系统	0.3996	0.4302	0.4406	0.4381	0.4847
水域和湿地生态系统	0.4018	0.4233	0.4614	0.4562	0.4670
聚落生态系统	0.6245	0.6481	0.6587	0.6050	0.6197
荒漠生态系统	0.1174	0.1264	0.1443	0.1067	0.1108
其他生态系统	0.1685	0.1825	0.1957	0.1640	0.1673

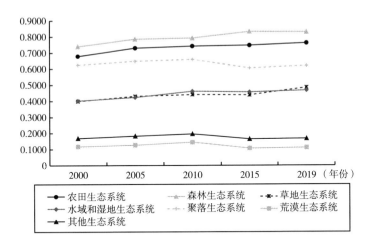

图7.3　中国主要年份各类生态系统 NDVI 均值变化趋势

可以看出，从2000～2019年，农田生态系统、森林生态系统、草地生态系统、水域和湿地生态系统的植被状况呈现一种逐渐变好的趋势，NDVI均值分别增加了0.0825、0.0892、0.0851、0.0652，分别增长了12.15个、12.05个、21.31个和16.22个百分点。聚落生态系统的植被状况并没有明显改善，从2000～2010年有所好转，之后又呈现下降趋势，峰值出现在

2010 年。荒漠生态系统和其他生态系统的植被覆盖状况反而日渐减少，证明其生态环境有待改善。

二、中国各省份生态系统状况账户

本节根据各年的植被生长情况，记录了 2000～2019 年的各省份 NDVI 均值情况，以及 2019 年度各省份的 NDVI 分布情况，分别如表 7.19～表 7.21 所示。

表 7.19　　　　　　　　2000～2009 年度中国各省份 NDVI 均值

省级行政单位	2000 年	2001 年	2002 年	2003 年	2004 年	2005 年	2006 年	2007 年	2008 年	2009 年
北京	0.698	0.712	0.695	0.710	0.730	0.723	0.730	0.730	0.752	0.739
天津	0.609	0.636	0.637	0.635	0.668	0.652	0.656	0.650	0.670	0.648
河北	0.673	0.682	0.676	0.724	0.745	0.730	0.738	0.731	0.756	0.727
山西	0.593	0.548	0.593	0.627	0.660	0.631	0.641	0.648	0.676	0.654
内蒙古	0.413	0.410	0.441	0.465	0.450	0.453	0.456	0.435	0.480	0.419
辽宁	0.712	0.756	0.723	0.774	0.777	0.785	0.777	0.805	0.813	0.781
吉林	0.741	0.759	0.768	0.804	0.790	0.802	0.809	0.809	0.833	0.798
黑龙江	0.778	0.792	0.799	0.805	0.829	0.843	0.835	0.831	0.852	0.820
上海	0.572	0.546	0.528	0.536	0.518	0.526	0.509	0.515	0.511	0.474
江苏	0.703	0.707	0.703	0.693	0.711	0.727	0.727	0.716	0.712	0.691
浙江	0.739	0.735	0.733	0.749	0.744	0.755	0.754	0.748	0.745	0.754
安徽	0.735	0.731	0.753	0.755	0.784	0.793	0.792	0.790	0.790	0.785
福建	0.743	0.752	0.750	0.782	0.772	0.779	0.780	0.781	0.777	0.787
江西	0.729	0.729	0.735	0.754	0.754	0.763	0.775	0.767	0.759	0.767
山东	0.688	0.708	0.650	0.709	0.727	0.731	0.714	0.727	0.750	0.729
河南	0.731	0.723	0.731	0.758	0.774	0.773	0.766	0.792	0.786	0.775
湖北	0.736	0.732	0.743	0.765	0.775	0.781	0.787	0.788	0.781	0.775
湖南	0.733	0.728	0.740	0.764	0.774	0.767	0.783	0.774	0.773	0.772
广东	0.701	0.700	0.702	0.737	0.729	0.737	0.736	0.736	0.735	0.739
广西	0.726	0.730	0.738	0.772	0.764	0.766	0.769	0.785	0.777	0.780
海南	0.744	0.744	0.749	0.765	0.775	0.764	0.784	0.782	0.800	0.800
重庆	0.753	0.749	0.732	0.771	0.770	0.775	0.764	0.778	0.779	0.769

续表

省级行政单位	2000 年	2001 年	2002 年	2003 年	2004 年	2005 年	2006 年	2007 年	2008 年	2009 年
四川	0.694	0.704	0.696	0.713	0.726	0.731	0.739	0.723	0.717	0.717
贵州	0.719	0.719	0.726	0.744	0.761	0.755	0.760	0.774	0.773	0.773
云南	0.706	0.717	0.718	0.743	0.751	0.759	0.760	0.763	0.766	0.765
西藏	0.287	0.296	0.286	0.298	0.299	0.309	0.305	0.298	0.303	0.299
陕西	0.599	0.622	0.627	0.655	0.661	0.660	0.673	0.690	0.701	0.695
甘肃	0.320	0.320	0.345	0.338	0.333	0.350	0.342	0.361	0.356	0.348
青海	0.346	0.337	0.342	0.336	0.342	0.368	0.372	0.348	0.353	0.370
宁夏	0.291	0.312	0.374	0.363	0.355	0.312	0.331	0.387	0.349	0.358
新疆	0.176	0.172	0.185	0.185	0.181	0.189	0.185	0.188	0.181	0.181
台湾	0.770	0.767	0.759	0.785	0.791	0.798	0.790	0.796	0.792	0.782
香港	0.639	0.648	0.639	0.688	0.671	0.691	0.697	0.710	0.690	0.689
澳门	0.262	0.274	0.234	0.274	0.260	0.268	0.260	0.295	0.274	0.281

资料来源：笔者通过各年份 NDVI 空间分布数据、各年份省级行政边界数据以及各年份土地利用覆被数据计算得到。数据来自中国科学院资源环境科学数据中心。

表 7. 20 　　　　　　　　2010 ~ 2019 年度中国各省份 NDVI 均值

省级行政单位	2010 年	2011 年	2012 年	2013 年	2014 年	2015 年	2016 年	2017 年	2018 年	2019 年
北京	0.717	0.724	0.739	0.740	0.736	0.739	0.748	0.754	0.746	0.745
天津	0.658	0.651	0.657	0.656	0.634	0.603	0.636	0.643	0.642	0.635
河北	0.742	0.733	0.755	0.763	0.738	0.731	0.760	0.754	0.766	0.758
山西	0.672	0.659	0.711	0.731	0.725	0.691	0.732	0.737	0.749	0.720
内蒙古	0.447	0.463	0.502	0.489	0.466	0.454	0.453	0.460	0.506	0.476
辽宁	0.804	0.828	0.815	0.815	0.803	0.794	0.804	0.809	0.803	0.807
吉林	0.820	0.853	0.833	0.831	0.827	0.833	0.829	0.834	0.844	0.839
黑龙江	0.846	0.522	0.848	0.848	0.862	0.866	0.860	0.868	0.869	0.861
上海	0.511	0.697	0.523	0.518	0.483	0.507	0.503	0.524	0.527	0.512
江苏	0.744	0.752	0.705	0.715	0.687	0.680	0.702	0.707	0.695	0.689
浙江	0.775	0.773	0.750	0.755	0.766	0.770	0.776	0.779	0.787	0.770
安徽	0.815	0.783	0.782	0.789	0.779	0.779	0.800	0.801	0.790	0.788
福建	0.782	0.774	0.780	0.801	0.813	0.819	0.826	0.832	0.832	0.824
江西	0.778	0.705	0.769	0.776	0.794	0.799	0.805	0.814	0.811	0.795
山东	0.701	0.746	0.736	0.733	0.700	0.696	0.727	0.730	0.719	0.707

续表

省级行政单位	2010 年	2011 年	2012 年	2013 年	2014 年	2015 年	2016 年	2017 年	2018 年	2019 年
河南	0.791	0.780	0.785	0.798	0.760	0.774	0.795	0.797	0.786	0.782
湖北	0.800	0.773	0.781	0.796	0.796	0.804	0.809	0.819	0.810	0.804
湖南	0.783	0.737	0.776	0.778	0.792	0.806	0.811	0.825	0.819	0.808
广东	0.745	0.775	0.748	0.753	0.767	0.770	0.779	0.791	0.784	0.783
广西	0.788	0.782	0.792	0.796	0.821	0.820	0.828	0.840	0.836	0.832
海南	0.790	0.769	0.800	0.796	0.827	0.826	0.823	0.830	0.834	0.822
重庆	0.791	0.734	0.772	0.790	0.819	0.816	0.826	0.830	0.822	0.826
四川	0.733	0.760	0.733	0.760	0.772	0.778	0.783	0.783	0.774	0.783
贵州	0.782	0.754	0.784	0.773	0.827	0.825	0.833	0.837	0.826	0.825
云南	0.760	0.316	0.776	0.788	0.821	0.817	0.824	0.831	0.821	0.833
西藏	0.301	0.689	0.312	0.329	0.320	0.311	0.326	0.337	0.326	0.325
陕西	0.694	0.363	0.725	0.742	0.744	0.718	0.735	0.751	0.759	0.743
甘肃	0.366	0.363	0.393	0.399	0.384	0.375	0.367	0.384	0.406	0.412
青海	0.392	0.388	0.382	0.384	0.369	0.365	0.368	0.382	0.402	0.385
宁夏	0.397	0.194	0.452	0.465	0.436	0.384	0.414	0.433	0.493	0.461
新疆	0.221	0.785	0.198	0.207	0.175	0.178	0.191	0.194	0.188	0.188
台湾	0.795	0.701	0.794	0.795	0.802	0.802	0.810	0.808	0.807	0.807
香港	0.716	0.291	0.710	0.729	0.737	0.756	0.754	0.762	0.748	0.743
澳门	0.301	—	0.307	0.304	0.308	0.336	0.346	0.351	0.309	0.318

资料来源：笔者通过各年份 NDVI 空间分布数据、各年份省级行政边界数据以及各年份土地利用覆被数据计算得到。数据来自中国科学院资源环境科学数据中心。

从各省份的 NDVI 均值上看，黑龙江和吉林的 NDVI 均值较高，达到 0.8 以上，说明黑龙江和吉林的植被生长较多且较为健康。均值位于 0.7 ~ 0.8 的省份有 20 个，主要分布在我国的东部、南部以及中部地区。NDVI 均值低于 0.5 的地区有 7 个，主要位于我国的西部地区和北部地区。

从表 7.21 可以看出，从绝对值上看，NDVI 值在 0.8 ~ 0.92 面积最大的省份为黑龙江，面积高达 408782 平方千米；其次依次为云南（290191 平方千米）、四川（274668 平方千米）、内蒙古（256646 平方千米）。面积在 10万 ~ 20 万平方千米的省份共有 9 个，依次为广西（179406 平方千米）、吉林（155863 平方千米）、湖南（131559 平方千米）、贵州（129020 平方千米）、湖北（119934 平方千米）、广东（110721 平方千米）、西藏（110001

平方千米）、陕西（105186 平方千米）和江西（100380 平方千米）。

表 7.21　　　2019 年度中国各省份生态系统状况账户（NDVI）　单位：平方千米

省级行政单位	0 ~ 0.20	0.20 ~ 0.40	0.40 ~ 0.60	0.60 ~ 0.80	0.80 ~ 0.92
北京	4	602	2429	4999	8299
天津	534	1201	2331	4556	2877
河北	1206	2617	14538	83059	85508
山西	105	2311	21023	87793	44877
内蒙古	303877	194889	182730	202382	256646
辽宁	570	2119	5050	40088	97376
吉林	580	1539	6294	25629	155863
黑龙江	2111	1967	6019	31436	408782
上海	388	1101	2460	2682	642
江苏	4047	5726	14923	39347	37598
浙江	1408	3893	10090	24152	64040
安徽	979	2463	7108	44110	84916
福建	377	2850	5586	17444	95156
江西	839	2585	6758	55631	100380
山东	3689	5988	18158	81197	46477
河南	135	2638	9123	61177	91870
湖北	821	2312	7544	54530	119934
湖南	389	1418	5277	72352	131559
广东	782	8010	12399	44495	110721
广西	38	1289	3917	50618	179406
海南	142	380	1403	7714	24213
重庆	19	554	2237	16996	62228
四川	2494	8267	28198	170430	274668
贵州	0	327	2419	43534	129020
云南	428	2181	8284	79828	290191
西藏	534166	307581	129573	114822	110001
陕西	130	7950	38242	53168	105186
甘肃	167310	48308	56411	75191	76451
青海	235894	149287	112318	138051	58112
宁夏	2334	21535	13641	11604	2592

省级行政单位	0~0.20	0.20~0.40	0.40~0.60	0.60~0.80	0.80~0.92
新疆	1183523	172445	105361	112910	48468
台湾	314	1166	2575	6741	25309
香港	13	63	134	288	518
澳门	5	13	6	2	0

资料来源：笔者通过各年份 NDVI 空间分布数据、各年份省级行政边界数据以及各年份土地利用覆被数据计算得到。数据来自中国科学院资源环境科学数据中心。

从比例上看，NDVI 值在 0.80~0.92 占比最大的省份为黑龙江，高达90.78%，其次分别是吉林和福建，占比分别达到 82.07% 和 78.37%，说明这三个省份的植被覆盖和健康状况最好。占比低于 50% 的省级行政单位共有 13 个，主要位于我国的北方地区和西部地区。

第八章 中国陆地生态系统价值量账户编制实践

第一节 中国陆地生态系统服务供给账户

中国陆地生态系统服务的供给和使用账户以价值量的形式记录了生态系统服务从陆地生态系统到经济社会的流动情况。

一、中国陆地生态系统服务供给总账户

（一）单位生态系统服务价值

本章以谢高地等（2015a，2015b）提出的当量因子法为基础，计算各项生态系统服务的价值。

在 1 单位当量因子的价值量的选择上，谢高地等（2015b）采用净利润作为农田单位生态系统服务当量因子的经济价值，并将 1 个标准生态系统生态服务价值当量因子定义为 1 公顷全国平均产量的农田每年自然粮食产量的经济价值。本书认为，在 SEEA 的核算背景下，要衡量农田仅仅凭借自然过程而产生的粮食价值，不应采用净利润这个指标，而应该采用资源租金。根据资产估价理论，一项资产的价值应该等于其未来收益的净现值。对于环境资产而言，未来收益指的就是资源租金，也就是一项资产的开采者或使用者在扣除了所有费用和正常回报后的应计剩余价值（UN et al.，2014）。资源租金的大小等于最终市场产品的价值减去所有投入的成本，包括劳动力成本、生产资产成本以及中间投入等。在资源的所有权已经确定的时候，资源租金通常表现为"资源税"或者"地租"（王永瑜，2009）。对于耕地而言，目前尚不征收资源税，因此资源租金就主要体现为"地租"。故本书以每年每公顷农田的地租价格作为农田生态系统的资源租金。农田地租价格的计算主要是依靠我国的三大粮食主产物——稻谷、小麦和玉米的单位

面积平均地租得到，其计算公式为：

$$V = R_d \times F_d + R_x \times F_x + R_y \times F_y \qquad\qquad (8-1)$$

其中，V 为三大粮食主产物的平均地租；R_d、R_x、R_y 分别为稻谷、小麦和玉米的单位面积地租，单位为元/公顷；F_d、F_x、F_y 分别为稻谷、小麦和玉米的播种面积占比，单位为%。根据《全国农产品成本收益资料汇编》，2005～2020 年全国每公顷农田的平均地租如表 8.1 所示。

表 8.1　　　　　　　　　　　2005～2020 年每公顷农田地租　　　　　　　　单位：元/公顷

年份	2005	2006	2007	2008	2009	2010	2011	2012
地租	930.3	1023.75	1224.6	1494.3	1719.3	1999.2	2246.25	2492.85
年份	2013	2014	2015	2016	2017	2018	2019	2020
地租	2720.4	3059.1	3266.4	3334.05	3233.7	3373.05	3498.75	3582.3

资料来源：《全国农产品成本收益资料汇编》。

根据谢高地等（2015a，2015b）的当量因子表，可以得到 2020 年各类陆地生态系统服务的单位价值，如表 8.2 所示。

（二）中国陆地生态系统服务供给总账户

本书参考谢高地等（2015a）当量因子表中的生态系统服务类别，结合中国学者的表达习惯以及决策者和民众对生态系统服务的理解，对陆地生态系统服务进行了重新分类。首先，参照国际最新的生态系统服务分类方法，去掉支持服务，将生态系统服务分为供给服务、调节服务和文化服务。其次，由于维持养分循环被认为是一种中间服务，因此本书不做考虑。此外，水田由于需水量较大，不仅不能供应水资源，反而需要被提供大量的水资源，因此谢高地等（2015a）在其当量因子表中，将水资源供给服务值记为负。本书认为，水量是农业生产中的一种投入，这种需水量通常是通过农户提供的。而农户在取得水资源时已经记录为取水，其成本已经作为生产的投入被计算。因此本书将此处的水资源供给服务记为 0。在生态系统的分类中，由于当量因子表中的分类方法和土地覆被类型中的分类方法不一致，因此对于森林生态系统中的非灌木部分以及草地生态系统只能做合并处理，如此得到的单位生态系统服务价值是个平均值。经过计算，各类生态系统资产所提供的单位生态系统服务价格如表 8.3 所示。

表 8.2　2020 年各类生态系统服务的单位价值

单位：元/公顷

生态系统类型		供给服务			调节服务					支持服务		文化服务
		食物生产	原料生产	水资源供给	气体调节	气候调节	净化环境	水文调节	土壤保持	维持养分循环	生物多样性	美学景观
农田	旱地	3044.95	1432.92	71.64	2400.14	1289.63	358.24	967.22	3689.77	429.88	465.70	214.93
	水田	4871.93	322.40	-9421.45	3976.36	2041.91	608.99	9743.86	35.82	680.64	752.28	322.40
森林	针叶	788.10	1862.80	967.22	6089.92	18162.26	5337.62	11964.89	7379.53	573.17	6734.72	2937.48
	针阔混交	1110.52	2543.44	1325.45	8418.41	25183.57	7128.78	12573.88	10245.37	788.10	9313.98	4083.83
	阔叶	1038.86	2364.31	1217.99	7773.59	23284.96	6913.84	16980.11	9493.09	716.46	8633.34	3797.23
	灌木	680.64	1540.39	788.10	5051.04	15153.13	4585.34	12000.71	6161.56	465.70	5624.21	2471.78
草地	草原	358.24	501.53	286.58	1826.98	4800.29	1576.21	3510.66	2221.02	179.11	2006.09	895.57
	灌草丛	1361.28	2006.09	1110.52	7057.13	18663.78	6161.56	13684.38	8597.52	644.82	7809.42	3439.01
	草甸	788.10	1182.16	644.82	4083.83	10818.54	3582.30	7916.88	4979.40	394.06	4549.52	2006.09
湿地	湿地	1826.98	1791.16	9278.16	6806.38	12896.28	12896.28	86799.13	8275.12	644.82	28192.70	16944.28
荒漠	荒漠	35.82	107.47	71.64	394.06	358.24	1110.52	752.28	465.70	35.82	429.88	179.11
	裸地	0.00	0.00	0.00	71.64	0.00	358.24	107.47	71.64	0.00	71.64	35.82
水域	水系	2865.84	823.93	29697.26	2758.37	8203.46	19881.77	366254.35	3331.54	250.76	9134.87	6770.54
	冰川积雪	0.00	0.00	7737.77	644.82	1934.45	573.17	25541.80	0.00	0.00	35.82	322.40

资料来源：笔者在谢高地等 (2015a, 2015b) 基础上修改得到。

表 8.3　各类单位生态系统服务价格

单位：元/公顷

生态系统类型			供给服务			调节服务						文化服务	涉及土地利用类型
			食物生产	原料生产	水资源供给	气体调节	气候调节	净化环境	水文调节	土壤保持	生物多样性	美学景观	
农田生态系统	水田	F11	4871.93	322.41	0.00	3976.35	2041.91	608.99	9743.86	35.82	752.28	322.41	11
	旱地	F12	3044.96	1432.92	71.65	2400.14	1289.63	358.23	967.22	3689.77	465.70	214.94	12
森林生态系统	非灌木	F21	979.16	2256.85	1170.22	7427.30	22210.26	6460.08	13839.62	9039.34	8227.35	3606.18	21、23、24
	灌木	F22	680.64	1540.39	788.11	5051.04	15153.13	4585.34	12000.71	6161.56	5624.21	2471.79	22
草地生态系统	草地	F3	835.87	1229.92	680.64	4322.64	11427.54	3773.36	8370.64	5265.98	4788.34	2113.56	31、32、33
水域和湿地生态系统	水域和湿地	F41	2346.41	1307.54	19487.71	4782.37	10549.87	16389.02	226526.74	5803.33	18663.78	11857.41	41、42、43、45、46、64
	冰川积雪	F42	0.00	0.00	7737.77	644.81	1934.44	573.17	25541.80	0.00	35.82	322.41	44
荒漠生态系统	荒漠	F5	35.82	107.47	71.65	394.05	358.23	1110.51	752.28	465.70	429.88	179.12	61、62、63、67
其他生态系统	裸地	F6	0.00	0.00	0.00	71.65	0.00	358.23	107.47	71.65	71.65	35.82	65、66

注：本表中不包括聚落生态系统。

资料来源：笔者计算得到。

其中，食物生产是生态系统为人类提供能够食用的植物和动物产品；原材料生产是指生态系统为人类提供建筑或其他用途的原材料；水资源供给是指生态系统为包括居民生活、农业灌溉在内的各种用途的用户提供的适当质量的水资源；气体调节（全球气候调节服务）主要指生态系统对大气和海洋化学成分调节的贡献，主要包括从大气中去除碳氧化物、二氧化硫等，从而影响全球气候；气候调节（本地气候调节服务）是指生态系统对区域气候的调节作用，如城市树木提供的蒸发降温等；净化环境（包括空气过滤服务和水质净化服务）是指生态系统的组成部分，例如植物和微生物等，通过对污染物的沉积、吸收、固定和储存，对空气污染物和水污染物进行过滤和分解，以减轻污染物对人类的有害影响；水文调节（包括水流调节和洪水控制服务）是指生态系统截留、吸收并贮存降水，能节径流，调蓄洪水，并降低旱涝灾害；土壤保持（包括土壤质量调节服务与土壤和泥沙保持服务）是指生态系统对有机和无机材料的分解以及对土壤肥力和特性的贡献，可作为对生物生产量的一种投入；维持生物多样性（包括授粉服务、生物防治服务、生境维持服务）是指维持或增加经济单位使用或享受的其他物种的丰度和多样性、野生植物和动物栖息地；美学景观（包括娱乐相关的服务，视觉舒适的服务，教育、科研服务，以及精神、艺术和象征服务）是指具有（潜在）娱乐用途、文化和艺术价值的景观。

再结合我国各类陆地生态系统的面积，可以计算得到 2020 年各类陆地生态系统年产生态系统服务的价值，进而编制 2020 年中国陆地生态系统服务供给总账户，如表 8.4 所示。由表 8.4 可知，2020 年中国陆地生态系统年产生态系统服务价值 426415.58 亿元，2020 年国内生产总值（GDP）为 1008782.5 亿元，比较而言，陆地生态系统年产生态系统服务价值约为 GDP 的 42.27%。

农田生态系统年产生态系统服务价值为 28851.98 亿元，其中水田为 10424.14 亿元，旱地为 18427.84 亿元；森林生态系统年产生态系统服务价值为 159877.15 亿元，其中灌木为 25352.69 亿元，非灌木为 134524.46 亿元；草地年产生态系统服务价值为 115968.19 亿元；水域和湿地生态系统年产生态系统服务价值为 116019.29 亿元，其中水域和湿地为 114345.34 亿元，冰川积雪为 1673.96 亿元；荒漠生态系统年产生态系统服务价值为 5153.82 亿元；其他生态系统年产生态系统服务价值为 545.15 亿元。综合

2020 年中国陆地生态系统服务供给总账户

表 8.4   单位：亿元

生态系统类型		供给服务			调节服务						文化服务
		食物生产	原料生产	水资源供给	气体调节	气候调节	净化环境	水文调节	土壤保持	生物多样性	美学景观
农田生态系统	水田	2239.63	148.21	0.00	1827.93	938.67	279.95	4479.25	16.47	345.82	148.21
	旱地	4026.65	1894.89	94.74	3173.95	1705.40	473.72	1279.05	4879.35	615.84	284.23
森林生态系统	非灌木	1751.23	4036.37	2092.93	13283.73	39723.05	11553.85	24752.16	16166.85	14714.61	6449.66
	灌木	319.22	722.44	369.62	2368.94	7106.82	2150.53	5628.33	2889.77	2637.75	1159.27
草地生态系统	草地	2264.37	3331.86	1843.85	11710.04	30957.20	10222.02	22676.07	14265.54	12971.62	5725.63
水域和湿地生态系统	水域和湿地	844.47	470.58	7013.63	1721.18	3796.90	5898.41	81526.97	2088.62	6717.10	4267.48
荒漠生态系统	冰川积雪	0.00	0.00	352.07	29.34	88.02	26.08	1162.15	0.00	1.63	14.67
	荒漠	47.28	141.85	94.57	520.11	472.83	1465.77	992.94	614.68	567.39	236.41
其他生态系统	裸地	0.00	0.00	0.00	54.52	0.00	272.58	81.77	54.52	54.52	27.26
合计		11492.85	10746.21	11861.41	34689.72	84788.88	32342.91	142578.70	40975.79	38626.28	18312.82

资料来源：笔者计算整理得到。

来看，森林生态系统年产生态系统服务价值最高，为159877.15亿元；其次是水域和湿地生态系统和草地生态系统，年产生态系统服务价值分别为116019.29亿元和115968.19亿元。

分类别来看，中国陆地生态系统产生的水文调节服务价值最高，为142578.70亿元；其次是气候调节服务，价值为84788.88亿元；再次是土壤保持服务，其价值为40975.79亿元。

二、中国各省份陆地生态系统服务供给账户

根据中国土地利用覆被数据、中国行政区划图以及表8.3，可以计算得到2020年各省份产生的生态系统服务价值，按照生态系统服务分类，各省份产生的供给服务价值、调节服务价值、文化服务价值和生态系统服务总价值如表8.5所示。由表8.5可知，食物生产服务价值最高的为内蒙古（1033.38亿元），其次是黑龙江、西藏、新疆和云南，均达到500亿元以上；原料生产价值最高的为内蒙古（1237.34亿元）和西藏（1138.89亿元），其次为新疆、黑龙江、四川、云南和青海；水资源供给服务价值最高的依次为西藏、内蒙古、黑龙江和青海，年产价值均达到1100亿元以上；气体调节服务价值最高的依次为内蒙古（3990.49亿元）、西藏（3955.70亿元）和新疆（2887.80亿元）；气候调节服务价值最高的依次为西藏（10528.79亿元）和内蒙古（10134.79亿元）；净化环境服务价值最高的依次为西藏（4502.90亿元）和内蒙古（3911.18亿元）；水文调节服务价值最高的为西藏（23974.35亿元）；土壤保持服务价值最高的依次为内蒙古（4935.09亿元）和西藏（4799.28亿元）；生物多样性价值最高的依次为西藏（5325.74亿元）和内蒙古（4636.37亿元）；美学景观价值最高的依次为西藏（2617.23亿元）和内蒙古（2167.97亿元）。总的来看，西藏（59785.53亿元）和内蒙古（48181.93亿元）产生的生态系统服务总价值最大。

表 8.5　2020 年中国各省份陆地生态系统服务供给账户

单位：亿元

省级行政区域	供给服务			调节服务						文化服务	总价值
	食物生产	原料生产	水资源供给	气体调节	气候调节	净化环境	水文调节	土壤保持	生物多样性	美学景观	
北京	19.88	23.25	18.22	68.85	181.49	59.57	218.16	86.54	74.58	34.42	784.97
天津	23.79	11.53	37.60	28.52	41.40	37.08	443.72	35.93	43.07	25.82	728.45
河北	349.33	248.98	179.54	628.43	1274.31	464.04	2173.70	827.80	574.84	274.81	6995.78
山西	254.45	226.17	109.51	623.28	1452.60	465.08	1355.16	803.21	585.00	263.53	6137.98
内蒙古	1033.38	1237.34	1250.53	3990.49	10134.79	3911.18	14884.80	4935.09	4636.37	2167.97	48181.93
辽宁	278.78	226.19	210.16	652.41	1526.57	537.88	2560.80	793.53	668.96	319.09	7774.38
吉林	355.62	304.79	254.64	884.77	2112.24	725.56	3094.51	1079.30	899.37	422.71	10133.50
黑龙江	925.52	723.08	1223.61	2225.98	5247.66	2207.45	14718.03	2610.02	2695.43	1367.26	33944.04
上海	18.58	3.73	30.55	20.50	25.56	28.26	382.68	11.63	32.49	19.95	573.94
江苏	301.00	71.92	286.09	307.95	338.82	290.90	3719.84	199.98	337.87	200.96	6055.33
浙江	180.62	162.07	137.68	587.88	1523.73	486.57	1819.73	619.80	611.93	279.69	6409.71
安徽	366.28	150.87	184.97	541.86	957.14	381.01	2597.20	485.28	466.50	231.60	6362.70
福建	179.21	204.85	131.51	704.97	1899.02	584.14	1709.24	796.56	738.15	329.96	7277.58
江西	314.79	270.63	273.44	962.25	2450.63	821.59	3545.37	1025.79	1026.39	478.55	11169.41
山东	346.04	184.87	208.22	387.65	514.01	278.92	2454.27	543.27	334.45	182.80	5434.50
河南	375.72	211.56	127.26	516.23	866.79	312.84	1612.06	649.90	388.62	187.29	5248.28
湖北	389.49	270.39	337.81	938.77	2210.89	808.34	4376.53	984.80	997.94	481.38	11796.35
湖南	411.35	345.28	316.22	1232.51	3122.26	1022.96	4161.09	1302.70	1281.63	592.05	13788.05

续表

| 省级行政区域 | 供给服务 | | | 调节服务 | | | | | | 文化服务 | 总价值 |
	食物生产	原料生产	水资源供给	气体调节	气候调节	净化环境	水文调节	土壤保持	生物多样性	美学景观	
广东	300.85	288.65	270.64	990.28	2575.02	850.04	3438.40	1096.62	1064.72	493.45	11368.66
广西	378.29	394.07	250.15	1301.44	3417.89	1059.91	3291.22	1490.79	1333.05	598.86	13515.68
海南	55.38	58.07	49.18	188.12	494.15	161.14	613.73	218.62	201.88	93.10	2133.36
重庆	174.96	123.28	69.54	380.35	856.23	270.80	947.94	429.17	340.56	154.48	3747.31
四川	740.47	680.75	460.38	2233.19	5539.54	1810.92	5981.35	2581.72	2266.42	1026.96	23321.69
贵州	278.12	273.23	137.97	864.50	2199.39	676.08	1885.98	1016.60	848.69	377.17	8557.73
云南	500.32	619.47	359.39	1989.99	5357.28	1661.65	4634.80	2387.26	2087.80	931.31	20529.26
西藏	809.78	1138.89	2132.87	3955.70	10528.79	4502.90	23974.35	4799.28	5325.74	2617.23	59785.53
陕西	327.64	284.96	140.40	841.60	1971.13	636.24	1793.21	1037.73	798.28	357.70	8188.89
甘肃	363.51	361.35	257.16	1092.73	2551.34	1011.67	3043.83	1375.61	1137.09	519.65	11713.94
青海	481.78	614.05	1190.12	2143.29	5478.28	2525.27	13779.43	2609.86	2936.70	1454.61	33213.39
宁夏	85.76	55.74	41.52	174.18	358.31	133.69	543.18	200.05	163.12	76.02	1831.58
新疆	773.75	878.91	950.99	2887.80	6681.77	3230.65	10142.59	3556.97	3257.84	1511.96	33873.23

注：表中各类生态系统服务价值不包括台湾、香港和澳门的数据。
资料来源：笔者计算整理得到。

第二节　中国陆地生态系统服务使用账户

一、中国各省份陆地生态系统服务使用账户

生态系统服务的使用账户需要依据各经济主体对生态系统服务的使用情况确定。在三大类生态系统服务（供给服务、调节服务和文化服务）中，确定供给服务受益者相对简单，而确定调节服务和文化服务的受益者则较为困难。其主要原因是调节服务的空间流动性较强，既有全球性的调节服务（例如气候调节），又有当地的调节服务（例如生境维护服务），而其受益者众多，很难将调节服务进行合理的分配；对于文化服务，其受益者具有流动性，较难追踪其去向。因此，本章以供给服务中的食物生产服务和水资源供给服务为例，编制中国各省份的生态系统服务使用账户。

就食物生产服务而言，假设各省份的人均食物消费量相等，则可以将生态系统产生的食物生产服务平均分配给每个人，各省份对食物生产服务的使用情况就能够根据人口数量来确定，人口数量越多的地区获得的食物生产服务价值越大。因此，根据 2020 年各省份年末人口数，就可以计算得到各省份食物生产服务的使用情况，如表 8.6 所示。

表 8.6　　　　　　2020 年中国陆地各省份生态系统服务使用账户　　　　单位：亿元

省级行政区域	使用	
	食物生产	水资源供给
北京	176.88	79.11
天津	112.08	54.17
河北	603.12	356.18
山西	282.01	141.85
内蒙古	194.17	378.78
辽宁	343.82	251.93
吉林	193.85	229.33
黑龙江	256.23	612.01

续表

省级行政区域	使用	
	食物生产	水资源供给
上海	201.04	189.97
江苏	684.98	1114.51
浙江	522.64	319.35
安徽	493.31	522.77
福建	336.23	356.57
江西	365.15	475.62
山东	821.37	433.53
河南	803.27	461.98
湖北	464.22	543.42
湖南	536.94	594.47
广东	1020.07	789.32
广西	405.56	508.74
海南	81.77	85.73
重庆	259.30	136.59
四川	676.41	461.59
贵州	311.74	175.56
云南	381.56	303.96
西藏	29.57	62.74
陕西	319.58	176.53
甘肃	202.09	214.13
青海	47.92	47.35
宁夏	58.26	136.78
新疆	209.28	1111.40

资料来源：根据表8.5、2020年各省份年末人口数及各行政区用水总量计算得来。

　　就水资源供给服务而言，可以根据经济主体对水资源的使用情况，对水资源供给服务的价值进行分配。各省份对水资源供给服务的使用情况如表8.6所示。

　　由于对食物生产服务的使用是根据人口分配的，因此人口越多，所消耗的食物生产服务就越多，而水资源供给服务则不然。从数据上看，使用水资源供给服务最多的省份依次为江苏（1114.51亿元）、新疆（1111.40亿元）、广东（789.32亿元）、黑龙江（612.01亿元）。

　　从使用部门上看，如表8.7所示，江苏省工业部门对水资源供给服务的使用位于全国第一，住户部门对水资源供给服务的使用位于全国第二，农业部门对水资源供给服务的使用位于全国第三。江苏工业部门对水资源供给服务的使用最多，高达461.59亿元，是位于第二名的广东省的近3倍。如此庞大的用水量，一方面是因为江苏省的工业较为发达，另一方面是因为江苏省的发电量中有83.63%来自火力发电，而火力发电需要消耗大量的水资源。

表8.7　　　　　　　　　　　水资源供给服务使用账户　　　　　　　　单位：亿元

省级行政区域	住户部门	工业部门	农业部门	人工生态环境
北京	33.51	5.85	6.24	33.51
天津	12.86	8.77	20.07	12.47
河北	52.61	35.46	209.85	58.26
山西	28.45	24.16	79.89	9.35
内蒙古	22.60	26.11	272.78	57.28
辽宁	49.49	32.93	155.10	14.42
吉林	25.91	19.48	161.72	22.21
黑龙江	29.03	36.05	542.45	4.48
上海	45.98	112.82	29.62	1.56
江苏	124.12	461.59	519.46	9.35
浙江	92.36	69.56	143.99	13.64
安徽	68.39	156.66	281.55	16.17
福建	64.30	80.08	194.26	18.12
江西	56.12	98.20	315.45	6.24
山东	73.07	62.16	261.09	37.22
河南	83.98	69.36	240.63	68.20
湖北	98.01	151.20	271.03	22.99
湖南	86.51	113.01	381.51	13.44

续表

省级行政区域	住户部门	工业部门	农业部门	人工生态环境
广东	210.24	156.66	410.93	11.69
广西	68.98	67.61	364.17	7.99
海南	15.59	2.92	65.08	2.14
重庆	43.65	33.32	56.51	3.31
四川	104.44	45.79	299.87	11.50
贵州	35.07	36.44	100.93	3.31
云南	48.91	32.15	214.33	8.57
西藏	6.43	2.34	53.39	0.58
陕西	36.83	21.24	108.33	10.13
甘肃	18.12	12.08	163.09	20.85
青海	5.85	4.68	34.49	2.14
宁夏	7.21	8.18	114.18	7.21
新疆	33.71	20.85	966.82	90.02

注：本表中内容不包括香港、澳门和台湾的相关数据。

资料来源：本表内容根据《中国水资源公报2020》中各省级行政区用水量数据以及表8.6计算得到。

　　新疆对水资源供给服务的使用总体来看位于全国第二，且与江苏省相差无几，看似不甚合理，但其主要原因是新疆农业部门对水资源供给服务的使用较多（966.82亿元），位于全国第一，并且是第二名的将近2倍，占整个新疆对水资源供给服务使用的87%。农业部门用水量如此巨大的主要原因是，新疆是全国各省份中降水量最少的省份。2020年全国平均降水量为695毫米，新疆仅有139.4毫米，仅为全国平均水平的20%。同时，新疆又是农业比较发达的省份之一，灌溉用水需求量巨大。因此造成农业部门对水资源供给服务的使用较多①。

　　相比较而言，广东省对水资源供给服务的使用位于第三名就不那么出人意料了。广东省住户部门对水资源供给服务的使用为全国第一，是第二名江苏的将近2倍，这与广东省为人口第一大省的身份相匹配。广东省工业部门对水资源供给服务的使用为全国第二，农业部门为全国第四，这与广

---

① 资料来源：2020年中国气候公报和2020年新疆气候公报。

东为我国的工业重镇、农业强省的定位相吻合。

黑龙江对水资源供给服务的使用总体来看位于全国第四，其主要原因是农业使用（542.45 亿元）较多，位于全国第二，仅次于新疆，占全省整体使用的 88.63%。

整体来看，人工生态环境补水较高的省份，如新疆（90.02 亿元）、河南（68.20 亿元）、河北（58.26 亿元）、内蒙古（57.28 亿元）、山东（37.22 亿元）、北京（33.51 亿元）都位于我国的北方地区。

二、生态系统服务的供需均衡情况分析

从两种生态系统服务的供给和使用情况上看，我国东南地区和西北地区存在明显的差异。对于我国的东南地区而言，食物生产服务的需求大于供给，差异最大的依次为广东（719.22 亿元）、山东（475.33 亿元）、河南（427.55 亿元）、江苏（383.98 亿元）、浙江（342.02 亿元）、河北（253.79 亿元）、上海（182.46 亿元）、福建（157.02 亿元）、北京（157.00 亿元）、安徽（127.03 亿元）、湖南（125.59 亿元）、天津（88.29 亿元）、重庆（84.34 亿元）、湖北（74.73 亿元）、辽宁（65.04 亿元）、江西（50.36 亿元）、贵州（33.62 亿元）、山西（27.56 亿元）、广西（27.27 亿元）、海南（26.39 亿元）；对于我国的西北地区而言，食物生产服务的供给大于需求，差异最大的依次为内蒙古（839.21 亿元）、西藏（780.21 亿元）、黑龙江（669.29 亿元）、新疆（564.47 亿元）、青海（433.86 亿元）、吉林（161.77 亿元）、甘肃（161.42 亿元）、云南（118.76 亿元）、四川（64.06 亿元）、宁夏（27.50 亿元）、陕西（8.06 亿元）。

就水资源供给服务而言，除少数几个省份以外，多数省份对水资源供给服务的使用都大于该省份生态系统所产生的水资源供给服务。水资源供给服务供给量大于使用量的省份依次为西藏（2070.13 亿元）、青海（1142.77 亿元）、内蒙古（871.75 亿元）、黑龙江（611.60 亿元）、云南（55.43 亿元）、甘肃（43.03 亿元）、吉林（25.31 亿元）；水资源供给服务使用量大于供给量的省份依次为江苏（828.42 亿元）、广东（518.68 亿元）、安徽（337.80 亿元）、河南（334.72 亿元）、湖南（278.25 亿元）、广西（258.59 亿元）、山东（225.31 亿元）、福建（225.06 亿元）、湖北

（205.61亿元）、江西（202.18亿元）、浙江（181.67亿元）、河北（176.64亿元）、新疆（160.41亿元）、上海（159.42亿元）、宁夏（95.26亿元）、重庆（67.05亿元）、北京（60.89亿元）、辽宁（41.77亿元）、贵州（37.59亿元）、海南（36.55亿元）、陕西（36.13亿元）、山西（32.34亿元）、天津（16.57亿元）、四川（1.21亿元）。

第三节　中国陆地生态系统资产账户

根据中国各类陆地生态系统年产生态系统服务的价值，结合适当的贴现率，就可以采用净现值法估计陆地生态系统资产的价值。本书假设陆地生态系统资产使用寿命为100年，通过计算2021~2120年各类陆地生态系统产生生态系统服务的价值，并将其贴现到2020年末，就能够计算2020年中国各类生态系统资产的价值。

一、未来生态系统服务价值

要计算中国陆地生态系统资产的价值，首先要预测2021~2120年的每公顷农田地租，并以此为依据计算2021~2120年各类生态系统资产所产生生态系统服务的价值。

本书尝试构建了一元回归方程以及ARMA模型来预测未来100年的地租价值，结果显示，从历史数据上看，ARMA模型的拟合效果最好，但地租在2030年达到最大值后会逐渐减少，到2087年前后减少至1左右，很显然不符合实际的经济规律。因此本书选择了简单的一元线性回归方程对地租进行预测，拟合模型为：

$$Y = -348929.35 + 174.61 \times t \qquad (8-2)$$

其中，Y为地租，t为时间。

预计水田、旱地、非灌木、灌木、草地、水域和湿地、冰川积雪、荒漠、裸地生态系统2021~2120年产生的各类生态系统服务价值分别如表8.8~表8.16所示。

表8.8 预计 2021～2120 年水田生态系统产生的各类生态
系统服务价值 单位：百亿元

水田生态系统		2021 年	2022 年	2023 年	2024 年	……	2119 年	2120 年
供给服务	食物生产	24.78	25.87	26.97	28.06		131.77	132.86
	原料生产	1.64	1.71	1.78	1.86		8.72	8.79
	水资源供给	0.00	0.00	0.00	0.00		0.00	0.00
调节服务	气体调节	20.23	21.12	22.01	22.90		107.54	108.44
	气候调节	10.39	10.84	11.30	11.76		55.23	55.68
	净化环境	3.10	3.23	3.37	3.51		16.47	16.61
	水文调节	49.57	51.75	53.93	56.12		263.53	265.72
	土壤保持	0.18	0.19	0.20	0.21		0.97	0.98
	生物多样性	3.83	4.00	4.16	4.33		20.35	20.51
文化服务	美学景观	1.64	1.71	1.78	1.86		8.72	8.79
总价值		115.35	120.43	125.51	130.59		613.29	618.38

资料来源：笔者计算整理得到。

表8.9 预计 2021～2120 年旱地生态系统产生的各类生态
系统服务价值 单位：百亿元

旱地生态系统		2021 年	2022 年	2023 年	2024 年	……	2119 年	2120 年
供给服务	食物生产	44.56	46.52	48.48	50.45		236.90	238.87
	原料生产	20.97	21.89	22.82	23.74		111.48	112.41
	水资源供给	1.05	1.09	1.14	1.19		5.57	5.62
调节服务	气体调节	35.12	36.67	38.22	39.76		186.74	188.28
	气候调节	18.87	19.70	20.53	21.37		100.34	101.17
	净化环境	5.24	5.47	5.70	5.93		27.87	28.10
	水文调节	14.15	14.78	15.40	16.02		75.25	75.88
	土壤保持	53.99	56.37	58.75	61.13		287.07	289.45
	生物多样性	6.81	7.11	7.41	7.72		36.23	36.53
文化服务	美学景观	3.15	3.28	3.42	3.56		16.72	16.86
总价值		203.91	212.90	221.88	230.86		1084.18	1093.17

资料来源：笔者计算整理得到。

表 8.10　　　　　　预计 2021～2120 年非灌木生态系统产生的各类生态

系统服务价值　　　　　　　　　　　　　　单位：百亿元

非灌木生态系统		2021 年	2022 年	2023 年	2024 年	……	2119 年	2120 年
供给服务	食物生产	19.38	20.23	21.09	21.94		103.03	103.89
	原料生产	44.66	46.63	48.60	50.57		237.48	239.44
	水资源供给	23.16	24.18	25.20	26.22		123.14	124.16
调节服务	气体调节	146.99	153.47	159.94	166.42		781.54	788.01
	气候调节	439.56	458.92	478.28	497.64		2337.07	2356.43
	净化环境	127.85	133.48	139.11	144.75		679.76	685.39
	水文调节	273.90	285.96	298.03	310.09		1456.27	1468.33
	土壤保持	178.90	186.78	194.66	202.54		951.16	959.04
	生物多样性	162.83	170.00	177.17	184.34		865.72	872.89
文化服务	美学景观	71.37	74.51	77.66	80.80		379.46	382.60
总价值		1488.59	1554.16	1619.73	1685.30		7914.61	7980.18

资料来源：笔者计算整理得到。

表 8.11　　　　　　预计 2021～2120 年灌木生态系统产生的各类生态

系统服务价值　　　　　　　　　　　　　　单位：百亿元

灌木生态系统		2021 年	2022 年	2023 年	2024 年	……	2119 年	2120 年
供给服务	食物生产	3.53	3.69	3.84	4.00		18.78	18.94
	原料生产	7.99	8.35	8.70	9.05		42.50	42.86
	水资源供给	4.09	4.27	4.45	4.63		21.75	21.93
调节服务	气体调节	26.21	27.37	28.52	29.68		139.37	140.53
	气候调节	78.64	82.11	85.57	89.03		418.12	421.59
	净化环境	23.80	24.85	25.89	26.94		126.52	127.57
	水文调节	62.28	65.02	67.77	70.51		331.14	333.88
	土壤保持	31.98	33.39	34.79	36.20		170.02	171.43
	生物多样性	29.19	30.47	31.76	33.05		155.19	156.48
文化服务	美学景观	12.83	13.39	13.96	14.52		68.20	68.77
总价值		280.54	292.90	305.26	317.61		1491.60	1503.96

资料来源：笔者计算整理得到。

表 8.12　　　　　　预计 2021～2120 年草地生态系统产生的各类生态

系统服务价值　　　　　　　　　　　单位：百亿元

草地生态系统		2021 年	2022 年	2023 年	2024 年	……	2119 年	2120 年
供给服务	食物生产	25.06	26.16	27.26	28.37		133.22	134.33
	原料生产	36.87	38.49	40.12	41.74		196.03	197.65
	水资源供给	20.40	21.30	22.20	23.10		108.48	109.38
调节服务	气体调节	129.58	135.29	140.99	146.70		688.95	694.66
	气候调节	342.56	357.65	372.74	387.83		1821.34	1836.43
	净化环境	113.11	118.09	123.08	128.06		601.40	606.39
	水文调节	250.92	261.98	273.03	284.08		1334.12	1345.18
	土壤保持	157.86	164.81	171.76	178.72		839.30	846.25
	生物多样性	143.54	149.86	156.18	162.51		763.17	769.50
文化服务	美学景观	63.36	66.15	68.94	71.73		336.86	339.65
总价值		1283.25	1339.78	1396.31	1452.83		6822.88	6879.40

资料来源：笔者计算整理得到。

表 8.13　　　　预计 2021～2120 年水域和湿地生态系统产生的各类生态

系统服务价值　　　　　　　　　　　单位：百亿元

水域和湿地生态系统		2021 年	2022 年	2023 年	2024 年	……	2119 年	2120 年
供给服务	食物生产	9.34	9.76	10.17	10.58		49.68	50.10
	原料生产	5.21	5.44	5.67	5.90		27.69	27.92
	水资源供给	77.61	81.03	84.45	87.87		412.64	416.06
调节服务	气体调节	19.05	19.88	20.72	21.56		101.26	102.10
	气候调节	42.01	43.87	45.72	47.57		223.39	225.24
	净化环境	65.27	68.14	71.02	73.89		347.03	349.90
	水文调节	902.14	941.88	981.62	1021.36		4796.56	4836.30
	土壤保持	23.11	24.13	25.15	26.17		122.88	123.90
	生物多样性	74.33	77.60	80.88	84.15		395.19	398.47
文化服务	美学景观	47.22	49.30	51.38	53.46		251.07	253.15
总价值		1265.30	1321.03	1376.77	1432.50		6727.40	6783.13

资料来源：笔者计算整理得到。

表 8.14 预计 2021～2120 年冰川积雪生态系统产生的各类生态

系统服务价值 单位：百亿元

冰川积雪生态系统		2021 年	2022 年	2023 年	2024 年	……	2119 年	2120 年
供给服务	食物生产	0.00	0.00	0.00	0.00		0.00	0.00
	原料生产	0.00	0.00	0.00	0.00		0.00	0.00
	水资源供给	3.90	4.07	4.24	4.41		20.71	20.89
调节服务	气体调节	0.32	0.34	0.35	0.37		1.73	1.74
	气候调节	0.97	1.02	1.06	1.10		5.18	5.22
	净化环境	0.29	0.30	0.31	0.33		1.53	1.55
	水文调节	12.86	13.43	13.99	14.56		68.37	68.94
	土壤保持	0.00	0.00	0.00	0.00		0.00	0.00
	生物多样性	0.02	0.02	0.02	0.02		0.10	0.10
文化服务	美学景观	0.16	0.17	0.18	0.18		0.86	0.87
总价值		18.52	19.34	20.16	20.97		98.49	99.30

资料来源：笔者计算整理得到。

表 8.15 预计 2021～2120 年荒漠生态系统产生的各类生态系统

服务价值 单位：百亿元

荒漠生态系统		2021 年	2022 年	2023 年	2024 年	……	2119 年	2120 年
供给服务	食物生产	0.52	0.55	0.57	0.59		2.78	2.80
	原料生产	1.57	1.64	1.71	1.78		8.35	8.41
	水资源供给	1.05	1.09	1.14	1.18		5.56	5.61
调节服务	气体调节	5.76	6.01	6.26	6.52		30.60	30.85
	气候调节	5.23	5.46	5.69	5.92		27.82	28.05
	净化环境	16.22	16.93	17.65	18.36		86.24	86.95
	水文调节	10.99	11.47	11.96	12.44		58.42	58.90
	土壤保持	6.80	7.10	7.40	7.70		36.16	36.46
	生物多样性	6.28	6.56	6.83	7.11		33.38	33.66
文化服务	美学景观	2.62	2.73	2.85	2.96		13.91	14.02
总价值		57.03	59.54	62.05	64.57		303.22	305.73

资料来源：笔者计算整理得到。

表 8.16   预计 2021~2120 年裸地生态系统产生的各类生态系统

服务价值   单位：百亿元

裸地生态系统		2021 年	2022 年	2023 年	2024 年	……	2119 年	2120 年
供给服务	食物生产	0.00	0.00	0.00	0.00		0.00	0.00
	原料生产	0.00	0.00	0.00	0.00		0.00	0.00
	水资源供给	0.00	0.00	0.00	0.00		0.00	0.00
调节服务	气体调节	0.60	0.63	0.66	0.68		3.21	3.23
	气候调节	0.00	0.00	0.00	0.00		0.00	0.00
	净化环境	3.02	3.15	3.28	3.41		16.04	16.17
	水文调节	0.90	0.94	0.98	1.02		4.81	4.85
	土壤保持	0.60	0.63	0.66	0.68		3.21	3.23
	生物多样性	0.60	0.63	0.66	0.68		3.21	3.23
文化服务	美学景观	0.30	0.31	0.33	0.34		1.60	1.62
总价值		6.03	6.30	6.56	6.83		32.07	32.34

资料来源：笔者计算整理得到。

二、中国陆地生态系统资产账户

（一）中国陆地生态系统资产总账户

将前面计算得到的 2021~2120 年各类生态系统服务价值进行贴现汇总，就能够得到 2020 年的中国陆地生态系统资产价值。

在选择贴现率时，本书依据荷兰环境评估署在编制生态系统资产账户时所采用的贴现率：对供给服务和文化服务选择 3% 的贴现率，对于更加稀缺且难以替代的调节服务选择 2% 的贴现率。由此可以得到 2020 年中国陆地生态系统资产价值账户，如表 8.17 所示。

由表 8.17 可知，2020 年中国陆地生态系统资产的总价值为 3535.90 万亿元。农田生态系统资产价值为 261.06 万亿元，其中水田为 91.61 万亿元，旱地为 169.45 万亿元；森林生态系统资产价值为 1314.38 万亿元，其中非灌木为 1106.40 万亿元，灌木为 207.98 万亿元；草地生态系统资产价值为 957.14 万亿元；水域和湿地生态系统价值为 956.69 万亿元，其中水域和湿

表 8.17

2020 年中国陆地生态系统资产总账户

单位：万亿元

生态系统服务		农田生态系统		森林生态系统			草地生态系统	水域和湿地生态系统		荒漠生态系统	其他生态系统
		水田	旱地	非灌木	灌木	草地	草地	水域和湿地	冰川积雪	荒漠	裸地
供给服务	食物生产	26.67	47.95	20.86	3.80	26.97		10.06	0.00	0.56	0.00
	原料生产	1.77	22.57	48.07	8.60	39.68		5.60	0.00	1.69	0.00
	水资源供给	0.00	1.13	24.92	4.40	21.96		83.52	4.19	1.13	0.00
调节服务	气体调节	14.23	24.71	103.42	18.44	91.17		13.40	0.23	4.05	0.42
	气候调节	7.31	13.28	309.26	55.33	241.01		29.56	0.69	3.68	0.00
	净化环境	2.18	3.69	89.95	16.74	79.58		45.92	0.20	11.41	2.12
	水文调节	34.87	9.96	192.70	43.82	176.54		634.71	9.05	7.73	0.64
	土壤保持	0.13	37.99	125.86	22.50	111.06		16.26	0.00	4.79	0.42
	生物多样性	2.69	4.79	114.56	20.54	100.99		52.29	0.01	4.42	0.42
文化服务	美学景观	1.77	3.38	76.81	13.81	68.19		50.82	0.17	2.82	0.32
总价值		91.61	169.45	1106.40	207.98	957.14		942.15	14.54	42.27	4.36

资料来源：笔者计算整理得到。

地为 942.15 万亿元，冰川积雪为 14.54 万亿元；荒漠生态系统资产价值为 42.27 万亿元；其他生态系统资产价值为 4.36 万亿元。

（二）中国各省份陆地生态系统资产账户

随后，可以计算各省份的生态系统资产价值，编制各省份陆地生态系统资产账户，如表 8.18 所示。

从生态系统资产的总价值来看，排名靠前的省份依次为西藏（496.47 万亿元）、内蒙古（400.33 万亿元）、黑龙江（284.14 万亿元）、新疆（281.94 万亿元）和青海（275.70 万亿元），这些省份分布在我国的北部地区，人口稀少而地域辽阔。排名靠后的省份依次为上海（4.06 万亿元）、天津（6.37 万亿元）、北京（6.54 万亿元）、宁夏（15.38 万亿元）和海南（18.44 万亿元）。

从各类生态系统资产的价值来看，农田生态系统资产价值最高的依次为黑龙江（25.18 万亿元）、四川（17.95 万亿元）和内蒙古（14.63 万亿元），其中水田生态系统资产价值最高的依次为湖南（8.70 万亿元）、安徽（8.37 万亿元）和黑龙江（8.29 万亿元），旱地生态系统资产价值最高的依次为黑龙江（16.89 万亿元）、内蒙古（14.38 万亿元）和山东（12.79 万亿元）；森林生态系统资产价值最高的依次为云南（120.32 万亿元）、黑龙江（117.72 万亿元）和内蒙古（98.72 万亿元），其中灌木生态系统资产价值最高的依次为云南（37.17 万亿元）、四川（26.85 万亿元）和贵州（19.25 万亿元），非灌木生态系统资产价值最高的依次为黑龙江（114.83 万亿元）、内蒙古（89.41 万亿元）和云南（83.15 万亿元）；草地生态系统资产价值主要集中在西藏（196.44 万亿元）、内蒙古（186.28 万亿元）、新疆（170.37 万亿元）和青海（138.27 万亿元）四个省份，四个省份的草地生态系统资产价值占全国草地生态系统资产总价值的 72.24%；水域和湿地生态系统资产价值主要集中在西藏（199.72 万亿元）、黑龙江（133.31 万亿元）、青海（117.44 万亿元）和内蒙古（92.75 万亿元）四个省份，四个省份的草地生态系统资产价值占全国草地生态系统资产总价值的 56.82%，其中，冰川积雪生态系统资产的价值主要集中在西藏（6.42 万亿元）和新疆（5.92 万亿元）两个省份（占总价值的 84.83%）；荒漠生态系统资产价值主要集中在新疆（22.04 万亿元），该省份占据荒漠生态系统总价值的一半以上；裸地生态系统资产则主要集中在新疆（1.70 万亿元）和西藏（1.53 万亿元）两个省份，共占裸地生态系统资产总价值的 74%。

表8.18 2020年中国陆地各省份生态系统资产账户

单位：万亿元

省级行政区域	农田生态系统		森林生态系统			草地生态系统	水域和湿地生态系统		荒漠生态系统	其他生态系统	资产总价值
	水田	旱地	非灌木	灌木	草地		水域和湿地	冰川积雪	荒漠	裸地	
安徽	8.37	4.58	14.68	3.74	2.95	19.39		0.00	0.00	0.00	53.71
北京	0.00	0.46	3.83	0.60	0.45	1.20		0.00	0.00	0.00	6.54
福建	2.79	0.86	42.79	3.09	6.52	5.26		0.00	0.00	0.00	61.30
甘肃	0.04	8.18	13.63	7.25	50.73	13.60	0.36	3.71	0.30		97.79
广东	5.06	2.17	63.01	2.55	2.72	20.93		0.00	0.00	0.00	96.45
广西	4.92	4.10	69.86	16.15	7.29	10.45		0.00	0.00	0.00	112.78
贵州	2.63	4.51	30.78	19.25	11.03	3.00		0.00	0.00	0.00	71.20
海南	0.61	0.71	11.80	1.07	0.42	3.83		0.00	0.00	0.00	18.44
河北	0.24	11.42	13.77	6.75	11.50	15.69		0.01	0.00	0.00	59.37
河南	2.06	11.89	14.64	1.54	3.17	11.43		0.00	0.00	0.00	44.74
黑龙江	8.29	16.89	114.83	2.89	7.83	133.31		0.12	0.00	0.00	284.14
湖北	7.49	3.76	43.82	9.41	2.51	31.43		0.00	0.00	0.00	98.41
湖南	8.70	2.03	75.63	4.09	2.42	21.82		0.00	0.00	0.00	114.69
吉林	2.00	8.48	50.63	0.96	2.38	20.02		0.25	0.00	0.00	84.72
江苏	7.97	2.90	1.74	0.12	0.38	39.33		0.00	0.00	0.00	52.43
江西	6.41	1.53	57.60	4.14	2.54	20.59		0.00	0.00	0.00	92.82
辽宁	1.69	6.72	34.86	2.00	1.67	19.02		0.00	0.00	0.00	65.98
内蒙古	0.25	14.38	89.41	9.31	186.28	92.75	0.00	7.66	0.29		400.33

续表

省级行政区域	农田生态系统		森林生态系统		草地生态系统	水域和湿地生态系统		荒漠生态系统	其他生态系统	资产总价值
	水田	旱地	非灌木	灌木	草地	水域和湿地	冰川积雪	荒漠	裸地	
宁夏	0.91	1.64	0.93	0.57	8.26	2.95	0.00	0.12	0.01	15.38
青海	0.00	1.09	4.82	9.11	138.27	115.93	1.51	4.51	0.45	275.70
山东	0.21	12.79	4.50	0.75	3.01	27.17	0.00	0.00	0.00	48.43
山西	0.01	7.40	16.92	7.44	15.58	4.00	0.00	0.00	0.00	51.36
陕西	1.37	7.67	20.62	6.69	27.64	4.42	0.00	0.13	0.00	68.54
上海	0.56	0.04	0.05	0.00	0.04	3.36	0.00	0.00	0.00	4.06
四川	8.13	9.82	67.03	26.85	60.48	21.41	0.28	0.00	0.08	194.08
天津	0.11	0.65	0.27	0.01	0.11	5.21	0.00	0.00	0.00	6.37
西藏	0.07	0.91	75.65	18.45	196.44	193.30	6.42	3.70	1.53	496.47
新疆	0.03	11.49	13.41	2.59	170.37	54.40	5.92	22.04	1.70	281.94
云南	3.13	6.55	83.15	37.17	30.19	9.99	0.06	0.00	0.01	170.25
浙江	4.11	0.41	39.18	0.67	0.85	9.06	0.00	0.00	0.00	54.27
重庆	2.24	3.36	17.07	2.59	2.67	3.49	0.00	0.00	0.00	31.43

注：表中数据不包括香港、澳门和台湾的生态系统资产数据。

资料来源：笔者根据表 8.17 以及土地利用数据计算得到。

第九章　研究结论、启示及展望

第一节　研究结论

本书在充分梳理和借鉴已有研究经验的基础上，按照"理论阐述—体系构建—中国实践"的逻辑思路，构建中国陆地生态系统资产核算体系，编制中国陆地生态系统核算账户，并得出以下结论。

第一，中国陆地生态系统核算账户体系包括五个主要的陆地生态系统核算账户以及陆地生态系统核算主题账户。五个主要的陆地生态系统核算账户分别为陆地生态系统范围账户、陆地生态系统状况账户、陆地生态系统服务实物量核算账户、陆地生态系统服务价值量核算账户以及陆地生态系统资产价值量核算账户。其中，陆地生态系统服务实物量核算账户和价值量核算账户分别是以实物量或价值量表示的陆地生态系统供应账户和陆地生态系统使用账户。根据我国国情需要，设置了森林生态系统资产负债表作为陆地生态系统核算的专题账户。

第二，生态系统服务的价值化方法众多，主要可以分为原始价值评估法、价值转移法、单位面积生态系统价值当量因子法，以及综合的评估模型和工具。原始价值评估法能够根据实际的生态系统服务流，提供有关生态系统服务价值的最佳估计值。不过，随着应用范围的不断扩大，数据采集成本越来越高，因此原始价值评估法只适用于地方规模的生态系统服务价值评估。价值转移法和单位面积生态系统价值当量因子法都是对数据的二次应用，其中价值转移法需要建立价值转移数据库，能够适用于地方规模和省域规模的生态系统服务价值评估；单位面积生态系统价值当量因子法则需要建立单位面积生态系统服务当量因子表，适用于国家规模的生态系统服务价值评估。综合的评估模型和工具通常需要更为细致的空间数据，并采用定量化评价模型来计算生态系统服务价值，对数据的要求最高。

第三，从陆地生态系统范围账户的核算结果来看，从 1980~2020 年的约40年间，中国聚落生态系统的范围发生了很大的变化，其绝对增量从起初（1980年）的14.89万平方千米增至2020年的26.93万平方千米，增长了80.86%。在聚落生态系统的变化中，由农田转化为聚落的有16.12万平方千米，所占比重最大；同时，原有的聚落生态系统格局也发生了很大的变化，有8.4万平方千米成为农田生态系统。从聚落生态系统的转化时间上看，从1980~2010年，聚落生态系统的面积虽然逐步增加，但并没有发生实质性的变化，但是从2010年以后，聚落生态系统的范围迅速扩大，2010~2020年增加了6.94万平方千米，相较于2010年聚落生态系统总面积增长了35.17%。从绝对量上来看，森林生态系统并没有发生较大的变化。而草地在40年间共减少了33.60万平方千米，草地生态系统对农田、森林、水域和湿地、聚落、荒漠和其他生态系统的"净转出"分别为5.25万平方千米、3.60万平方千米、3.66万平方千米、1.44万平方千米、9.08万平方千米和10.56万平方千米。其中，由草地生态系统净转化为荒漠和其他生态系统（主要是裸土地和裸岩石质地）的最多，说明草地在40年间的退化情况较为严重，农田生态系统在40年间面积有所增加。除了聚落生态系统以外，农田生态系统对于其他任何生态系统而言都是"净转入"，40年间，农田生态系统对聚落生态系统的"净转出"有7.72万平方千米，约占1980年聚落生态系统面积的52%。说明约有一半农田转化成了聚落生态系统，同时其他类型的土地又转化成了农田。

第四，从陆地生态系统服务供给账户的核算结果来看，2020年中国陆地生态系统年产生态系统服务价值为426415.58亿元，此年度国内生产总值（GDP）为1008782.5亿元，相较而言，陆地生态系统年产生态系统服务价值约为GDP的42.27%。农田生态系统年产生态系统服务价值为28851.98亿元；森林生态系统年产生态系统服务价值为159877.15亿元；草地生态系统年产生态系统服务价值为115968.19亿元；水域和湿地生态系统年产生态系统服务价值为116019.29亿元；荒漠生态系统年产生态系统服务价值为5153.82亿元；其他生态系统年产生态系统服务价值为545.15亿元。综合来看，森林生态系统年产生态系统服务价值最高，其次是水域和湿地生态系统。分生态系统服务类别来看，生态系统产生的水文调节服务价值最高，为142578.70亿元；其次是气候调节服务，价值为84788.88亿元；再次是土壤保持服务，价值为40975.79亿元。从陆地生态系统服务使用账户的核算结果来看，我国东南地区和西北地区存在明显的差异。对我国的东南地区而言，生态系统服务的需求大于供给；对我国的西北地区而言，生态系统服务的供给大于需求。

第五，从陆地生态系统资产价值的核算结果来看，2020 年中国陆地生态系统资产的总价值为 3535.90 万亿元，其中农田生态系统资产价值为 261.06 万亿元；森林生态系统资产价值为 1314.38 万亿元；草地生态系统资产价值为 957.13 万亿元；水域和湿地生态系统价值为 956.70 万亿元；荒漠生态系统资产价值为 42.27 万亿元；其他生态系统资产价值为 4.36 万亿元。

第二节　研究启示

联合国发起的让自然"发声"行动，要求成员国将自然资本的情况纳入经济报告中，以便于核算和保护自然资本。这是人类社会朝着重视自然、尊重自然的方向迈出的历史性一步，也是坚定迈向可持续发展的一步。中国作为联合国"自然资本核算与生态系统服务估价"项目成员国之一，目前在贵州省开展的试点工作仍以自然资源资产负债表编制为核心内容，但是进行生态系统核算工作终是世界的主流，也是时代的呼唤。本书构建了中国陆地生态系统核算框架并进行了中国实践，既是一次大胆尝试，也是一次勇敢摸索。从本书的理论和实践结果中可得到如下启示。

第一，在理论构建方面。首先，进一步完善生态系统基础数据，建立统一的生态系统资产和生态系统服务分类体系，统一土地利用/土地覆盖遥感分类及土地调查分类；其次，鼓励更多学者参与生态系统核算相关研究，积累更多研究成果，并建立我国的生态系统服务价值数据库，以期为学者后续研究提供基础；最后，根据我国现阶段的绿色发展需求，构建碳核算账户，以期为实现碳中和、碳达峰的战略目标提供数据支撑。

第二，在中国实践方面。首先，40 年的陆地生态系统变化结果表明，草地生态系统面积逐年减少，退化情况严重，这极大地减弱了草地生态系统的生态屏障作用和蓄水防洪能力。应进一步加大监管力度，将生态补偿和生态红线制度落到实处。其次，聚落生态系统面积逐年增加，有的是以无序扩张、破坏生态系统为代价。应根据各类生态系统提供生态系统服务的能力，建立全面合理的国土空间规划体系，将国土空间划分为优化开发区域、重点开发区域、限制开发区域和禁止开发区域并监督实施，以图实现人和自然的友好共生和协调发展。最后，生态系统资产价值巨大，如何更加科学合理地评估生态系统价值，并实现绿水青山向金山银山的价值转化，是实现乡村振兴、建设美丽中国的关键举措。

第三节　研究展望

根据目前研究中存在的问题以及本书研究的不足之处，本书认为，未来研究可以从以下三个方面入手，进一步深化和拓展。

第一，统一遥感数据和统计数据的核算口径。目前，遥感数据和统计数据的计算口径不一致，因而在编制陆地生态系统账户时存在困难。例如，遥感数据区分了有林地、疏林地、灌木林和其他林地，统计数据通常根据防护林、特种用途林、用材林、薪炭林和经济林进行统计，而全国尺度的当量因子又是根据针叶林、阔叶林和针阔混交林进行统计。而在进行实际核算时通常需要将遥感数据、统计数据和当量因子表结合起来。由于计算口径不一致，导致实际操作的时候只能将数据进行合并处理，如此一来便无法给出更为细致的计算结果。又如，我国进行国土调查时所用的《土地利用分类》体系和遥感中常用的土地分类体系不一致，且缺乏关联性，如果想要将二者成果相结合则具有较大难度。

第二，根据中国国情设置更多相应的专题账户。本书囿于数据、时间等多种客观因素的限制，只针对森林生态系统，探讨了森林生态系统资产负债表的编制方法，尚未涉及我国目前较为关注的其他领域，例如碳汇核算，以及生态产品价值核算。未来研究可针对这些领域进一步展开。

第三，对中国陆地生态系统服务和资产进行更为精确的核算。由于本书的实证研究是基于全国尺度，在分辨土地类型时采用了遥感数据，与土地调查数据之间可能存在一些差异。未来研究可从数据和估价方法两个方面入手，提供更为精准的陆地生态系统核算数据。一是从数据入手，采用遥感数据和统计调查数据相结合的方式进行研究；二是从估价方法入手，根据国内学者们已有的研究结果，建立我国生态系统价值转移数据库，构建价值转移模型，进而对我国陆地生态系统进行更为细致、精确的核算。

参 考 文 献

一、中文部分

[1] 曹铭昌, 乐志芳, 雷军成, 等. 全球生物多样性评估方法及研究进展 [J]. 生态与农村环境学报, 2013, 29 (1): 8 - 16.

[2] 窦闻, 史培军, 陈云浩, 等. 生态资产评估静态部分平衡模型的分析与改进 [J]. 自然资源学报, 2003, 18 (5): 626 - 634.

[3] 樊辉, 赵敏娟. 自然资源非市场价值评估的选择实验法: 原理及应用分析 [J]. 资源科学, 2013, 35 (7): 1347 - 1354.

[4] 高敏雪. 扩展的自然资源核算——以自然资源资产负债表为重点 [J]. 统计研究, 2016, 33 (1): 4 - 12.

[5] 高敏雪, 刘茜, 黎煜坤. 在 SNA-SEEA-SEEA/EEA 链条上认识生态系统核算——《实验性生态系统核算》文本解析与延伸讨论 [J]. 统计研究, 2018, 35 (7): 3 - 15.

[6] 高敏雪. 生态系统生产总值的内涵、核算框架与实施条件——统计视角下的设计与论证 [J]. 生态学报, 2020, 40 (2): 402 - 415.

[7] 郝林华, 何帅, 陈尚, 等. 海洋生态系统调节服务价值评估方法及应用——以温州市为例 [J]. 生态学报, 2020, 40 (13): 4264 - 4278.

[8] 何承耕. 评资产化与资源化管理 [J]. 生态经济, 2002 (6): 38 - 41.

[9] 胡文龙, 史丹. 中国自然资源资产负债表框架体系研究——以 SEEA2012、SNA2008 和国家资产负债表为基础的一种思路 [J]. 中国人口·资源与环境, 2015, 25 (8): 1 - 9.

[10] 胡喜生, 洪伟, 吴承祯. 土地生态系统服务功能价值动态估算模型的改进与应用——以福州市为例 [J]. 资源科学, 2013, 35 (1): 30 - 41.

[11] 李琰, 李双成, 高阳, 等. 连接多层次人类福祉的生态系统服务分类框架 [J]. 地理学报, 2013, 68 (8): 1038 - 1047.

[12] 李秀梅, 王乃昂, 赵强. 兴隆山自然保护区旅游资源总经济价值评估 [J]. 干旱区资源与环境, 2011, 25 (6): 220-224.

[13] 李庆波. 基于效益转移法的三江平原湿地生态保护价值评估 [D]. 哈尔滨: 东北农业大学, 2018.

[14] 李庆波, 敖长林, 袁伟, 高琴. 基于中国湿地 CVM 研究的 Meta 分析 [J]. 资源科学, 2018, 40 (8): 1634-1644.

[15] 李涛, 甘德欣, 杨知建, 等. 土地利用变化影响下洞庭湖地区生态系统服务价值的时空演变 [J]. 应用生态学报, 2016, 27 (12): 3787-3796.

[16] 李婷, 吕一河. 生态系统服务建模技术研究进展 [J]. 生态学报, 2018, 38 (15): 5287-5296.

[17] 刘永强, 廖柳文, 龙花楼, 等. 土地利用转型的生态系统服务价值效应分析——以湖南省为例 [J]. 地理研究, 2015, 34 (4): 691-700.

[18] 刘宝发, 邹照菊. 国际通用生态资产分类、对象与比较 [J]. 重庆科技学院学报: 社会科学版, 2021 (6): 40-45, 68.

[19] 刘立程, 刘春芳, 王川, 等. 黄土丘陵区生态系统服务供需匹配研究——以兰州市为例 [J]. 地理学报, 2019, 74 (9): 1921-1937.

[20] 刘洋, 毕军, 吕建树. 生态系统服务分类综述与流域尺度重分类研究 [J]. 资源科学, 2019, 41 (7): 1189-1200.

[21] 刘业轩, 石晓丽, 史文娇. 福建省森林生态系统水源涵养服务评估: InVEST 模型与 Meta 分析对比 [J]. 生态学报, 2021, 41 (4): 1349-1361.

[22] 马琳, 刘浩, 彭建, 等. 生态系统服务供给和需求研究进展 [J]. 地理学报, 2017, 72 (7): 1277-1289.

[23] 牛丽楠, 邵全琴, 宁佳, 等. 西部地区生态状况变化及生态系统服务权衡与协同 [J]. 地理学报, 2022, 77 (1): 182-195.

[24] 欧阳志云, 朱春全, 杨广斌, 等. 生态系统生产总值核算: 概念、核算方法与案例研究 [J]. 生态学报, 2013, 33 (21): 6747-6761.

[25] 漆信贤, 黄贤金, 赖力. 基于 Meta 分析的中国森林生态系统生态服务功能价值转移研究 [J]. 地理科学, 2018, 38 (4): 522-530.

[26] 邱琼, 施涵. 关于自然资源与生态系统核算若干概念的讨论 [J]. 资源科学, 2018, 40 (10): 1901-1914.

［27］荣月静，严岩，赵春黎，等. 基于生态系统服务供需的景感尺度特征分析和应用［J］. 生态学报，2020，40（22）：8034－8043.

［28］石薇，徐蔼婷，李金昌，等. 自然资源资产负债表编制研究——以林木资源为例［J］. 自然资源学报，2018，33（4）：541－551.

［29］石薇，李金昌. 生态系统核算研究进展［J］. 应用生态学报，2017，28（8）：1－11.

［30］石薇. 自然资源资产负债表编制方法研究［D］. 杭州：浙江工商大学，2018.

［31］石薇，汪劲松，史龙梅. 生态系统价值核算方法：综述与展望［J］. 经济统计学（季刊），2017（1）：1－19.

［32］石薇，程开明，汪劲松. 基于核算目的的生态系统服务估价方法研究进展［J］. 应用生态学报，2021，32（4）：1518－1530.

［33］申嘉澍，李双成，梁泽，等. 生态系统服务供需关系研究进展与趋势展望［J］. 自然资源学报，2021，36（8）：1909－1922.

［34］沈满洪. 生态经济学：第2版［M］. 北京：中国环境科学出版社，2016.

［35］唐海萍，陈姣，薛海丽. 生态阈值：概念、方法与研究展望［J］. 植物生态学报，2015，39（9）：932－940.

［36］魏钰琼，张卫民，林华忠. 国有林场森林资源资产负债表核算系统研究——以福建省将乐国有林场为例［J］. 北京林业大学学报：社会科学版，2019，18（2）：46－54.

［37］吴舒尧，李双成. 基于传递媒介的生态系统服务分类［J］. 北京大学学报（自然科学版），2018，54（5）：1133－1136.

［38］王兵，鲁绍伟. 中国经济林生态系统服务价值评估［J］. 应用生态学报，2009，20（2）：417－425.

［39］王永瑜. 资源租金核算理论与方法研究［J］. 统计研究，2009，26（5）：47－53.

［40］邬紫荆，曾辉. 基于Meta分析的中国森林生态系统服务价值评估［J］. 生态学报，2021，41（14）：5533－5545.

［41］吴霜，延晓冬，张丽娟. 中国森林生态系统能值与服务功能价值的关系［J］. 地理学报，2014，69（3）：334－342.

［42］向书坚，郑瑞坤. 自然资源资产负债表中的负债问题研究［J］.

统计研究，2016，33（12）：74 - 83.

[43] 肖玉，谢高地，鲁春霞，等．基于供需关系的生态系统服务空间流动研究进展 [J]．生态学报，2016，36（10）：3096 - 3102.

[44] 肖强，肖洋，欧阳志云，等．重庆市森林生态系统服务功能价值评估 [J]．生态学报，2014，34（1）：216 - 223.

[45] 谢高地，张彩霞，张雷明，等（a）．基于单位面积价值当量因子的生态系统服务价值化方法改进 [J]．自然资源学报，2015，30（8）：1243 - 1254.

[46] 谢高地，张彩霞，张昌顺，肖玉，鲁春霞（b）．中国生态系统服务的价值 [J]．资源科学，2015，37（9）：1740 - 1746.

[47] 徐贤君．基于 Meta 分析法的滇池湿地价值评估 [D]．昆明：云南大学，2015.

[48] 严有龙，王军，王金满．基于生态系统服务的闽江流域生态补偿阈值研究 [J]．中国土地科学，2021，35（3）：97 - 106.

[49] 杨世忠，谭振华，王世杰．论我国自然资源资产负债核算的方法逻辑及系统框架构建 [J]．管理世界，2020，36（11）：132 - 144.

[50] 杨艳昭，封志明，闫慧敏，等．自然资源资产负债表编制的"承德模式"[J]．资源科学，2017，39（9）：1646 - 1657.

[51] 杨玲，孔范龙，郗敏，等．基于 Meta 分析的青岛市湿地生态系统服务价值评估 [J]．生态学杂志，2017，36（4）：1038 - 1046.

[52] 杨桂元，宋马林．影子价格及其在资源配置中的应用研究 [J]．运筹与管理，2010，19（5）：39 - 44.

[53] 颜俨，姚柳杨，郎亮明，等．基于 Meta 回归方法的中国内陆河流域生态系统服务价值再评估 [J]．地理学报，2019，74（5）：1040 - 1057.

[54] 闫慧敏，封志明，杨艳昭，等．湖州/安吉：全国首张市/县自然资源资产负债表编制 [J]．资源科学，2017，39（9）：1634 - 1645.

[55] 张碧天，闵庆文，焦雯珺，等．生态系统服务权衡研究进展 [J]．生态学报，2021，41（14）：5517 - 5532.

[56] 张颖，石小亮．森林生态效益评价与资产负债表编制：以吉林森工集团为例 [M]．北京：人民日报出版社，2016.

[57] 张志涛，戴广翠，郭晔，等．森林资源资产负债表编制基本框架研究 [J]．资源科学，2018，40（5）：929 - 935.

[58] 张卫民，李辰颖．森林资源资产负债表核算系统研究 [J]．自然资源学报，2019，34（6）：1245 - 1258．

[59] 张颖，潘静．中国森林资源资产核算及负债表编制研究——基于森林资源清查数据 [J]．中国地质大学学报（社会科学版），2016，16（6）：46 - 53．

[60] 张瑞琛．基于价值量的森林资源资产负债表财务报告概念框架构建研究 [J]．会计研究，2020（9）：16 - 28．

[61] 张宇硕，吴殿廷，吕晓．土地利用/覆盖变化对生态系统服务的影响：空间尺度视角的研究综述 [J]．自然资源学报，2020，35（5）：1172 - 1189．

[62] 赵同谦，欧阳志云，郑华，等．中国森林生态系统服务功能及其价值评价 [J]．自然资源学报，2004，19（4）：480 - 491．

[63] 赵军，杨凯．生态系统服务价值评估研究进展 [J]．生态学报，2007（1）：346 - 356．

[64] 赵海兰．生态系统服务分类与价值评估研究进展 [J]．生态经济，2015，31（8）：27 - 33．

[65] 赵玲，王尔大．基于 Meta 分析的自然资源效益转移方法的实证研究 [J]．资源科学，2011，33（1）：31 - 40．

[66] 赵玲，王尔大．评述效益转移法在资源游憩价值评价中的应用 [J]．中国人口·资源与环境，2011，21（S2）：490 - 495．

[67] 赵宁．基于 InVEST 模型的渤海湾沿岸土地系统碳储量及生境质量评估 [D]．保定：河北农业大学，2020．

[68] 周鹏，周婷，彭少麟．生态系统服务价值测度模式与方法 [J]．生态学报，2019，39（15）：5379 - 5388．

[69] 张琨，吕一河，傅伯杰，等．黄土高原植被覆盖变化对生态系统服务影响及其阈值 [J]．地理学报，2020，75（5）：949 - 960．

[70] 张玲，李小娟，周德民，等．基于 Meta 分析的中国湖沼湿地生态系统服务价值转移研究 [J]．生态学报，2015，35（16）：5507 - 5517．

[71] 张蓬涛，刘双嘉，周智，等．京津冀地区生态系统服务供需测度及时空演变 [J]．生态学报，2021，41（9）：3354 - 3367．

[72] 张雅昕，刘娅，朱文博，等．基于 Meta 回归模型的土地利用类型生态系统服务价值核算与转移 [J]．北京大学学报（自然科学版），2016，

52 (3): 493 – 504.

［73］张彪，谢高地，肖玉，等. 基于人类需求的生态系统服务分类 ［J］. 中国人口·资源与环境，2010，20 (6): 64 – 67.

［74］张宏亮. 自然资源核算的估价理论与方法 ［J］. 统计与决策，2007 (8): 39 – 41.

［75］张志强，徐中民，程国栋. 生态系统服务与自然资本价值评估 ［J］. 生态学报，2001，21 (11): 1918 – 1926.

［76］曾杰，李江风，姚小薇. 武汉城市圈生态系统服务价值时空变化特征 ［J］. 应用生态学报，2014，25 (3): 883 – 891.

二、英文部分

［1］ABS. Experimental environmental-economic accounts for the great barrier reef ［EB/OL］. (2017 – 08 – 21) ［2022 – 03 – 05］. https://www.abs.gov.au/statistics/environment/environmental-management/experimental-environmental-economic-accounts-great-barrier-reef/latest-release#methodology.

［2］Acharya R P, Maraseni T, Cockfield G. Global trend of forest ecosystem services valuation – An analysis of publications ［J］. Ecosystem Services, 2019，39: 100979.

［3］Albert C, Bonn A, Burkhard B, et al. Towards a national set of ecosystem service indicators: Insights from Germany ［J］. Ecological Indicators, 2016，61 (1): 38 – 48.

［4］Badamfirooz J, Mousazadeh R, Sarkheil H. A proposed framework for economic valuation and assessment of damages cost to national wetlands ecosystem services using the benefit-transfer approach ［J］. Environmental Challenges, 2021，5: 100303.

［5］Barton D N, Caparrós A, Conner N, et al. Discussion paper 5.1: Defining exchange and welfare values, articulating institutional arrangements and establishing the valuation context for ecosystem accounting ［EB/OL］. (2019 – 07 – 25) ［2022 – 03 – 08］. https://seea.un.org/sites/seea.un.org/files/documents/EEA/discussion paper 5.1 defining values for erg aug 2019.pdf.

［6］Bateman I J, Mace G M, Fezzi C, et al. Economic analysis for ecosystem service assessments ［J］. Environmental & Resource Economics, 2010，48 (2): 177 – 218.

［7］ Barbier E B. Valuing ecosystem services as productive inputs ［J］. Economic Policy, 2007, 22 (1): 177 – 229.

［8］ Beer D L. Teaching and learning ecosystem assessment and valuation ［J］. Ecological Economics, 2018, 146: 425 – 434.

［9］ Bright G, Connors E, Grice J. Measuring natural capital: Towards accounts for the UK and a basis for improved decision-making ［J］. Oxford Review of Economic Policy, 2019, 35 (1): 88 – 108.

［10］ Boyd J, Banzhaf S. What are ecosystem services? The need for standardized environmental accounting units ［J］. Ecological Economics, 2007, 63 (2 – 3): 616 – 626.

［11］ Boyle K J, Parmeter C F, Boehlert B B, et al. Due diligence in meta-analyses to support benefit transfers ［J］. Environmental and Resource Economics, 2013, 55 (3): 357 – 386.

［12］ Boumans R, Roman J, Altman I, et al. The multiscale integrated model of ecosystem services (mimes): Simulating the interactions of coupled human and natural systems ［J］. Ecosystem Services, 2015, 12: 30 – 41.

［13］ Caparrós A, Campos P, Montero G. An operative framework for total Hicksian income measurement: Application to a multiple-use forest ［J］. Environmental and Resource Economics, 2003, 26 (2): 173 – 198.

［14］ Caparrós A, Oviedo J L, Álvarez A, et al. Simulated exchange values and ecosystem accounting: Theory and application to free access recreation ［J］. Ecological Economics, 2017, 139: 140 – 149.

［15］ Campos P, Caparrós A, Oviedo J L, et al. Bridging the gap between national and ecosystem accounting application in Andalusian forests, Spain ［J］. Ecological Economics, 2019, 157: 218 – 236.

［16］ Costanza R, d'Arge R, De Groot R, et al. The value of the world's ecosystem services and natural capital ［J］. Nature, 1997, 387 (6630): 253 – 260.

［17］ Costanza R. Ecosystem services: Multiple classification systems are needed ［J］. Biological Conservation, 2008, 141 (2): 350 – 352.

［18］ Costanza R, De Groot R, Braat L, et al. Twenty years of ecosystem services: How far have we come and how far do we still need to go? ［J］. Ecosystem Services, 2017, 28: 1 – 16.

[19] Cheng X, Van Damme S, Li L, et al. Evaluation of cultural ecosystem services: A review of methods [J]. Ecosystem Services, 2019, 37: 100925.

[20] Capriolo A, Boschetto R G, Mascolo R A, et al. Biophysical and economic assessment of four ecosystem services for natural capital accounting in Italy [J]. Ecosystem Services, 2020, 46: 101207.

[21] Damigos D, Kaliampakos D. The "battle of gold" under the light of green economics: A case study from Greece [J]. Environmental Geology, 2006, 50 (2): 202 – 218.

[22] Dickson B, Blaney R, Miles L, et al. Towards a global map of natural capital: Key ecosystem assets [M]. UNEP World Conservation Monitoring Centre, 2017.

[23] De Groot R, Brander L, Van Der Ploeg S, et al. Global estimates of the value of ecosystems and their services in monetary units [J]. Ecosystem Services, 2012, 1 (1): 50 – 61.

[24] Daily G C. Nature's services: Societal dependence on natural ecosystems [M]. Washington, DC: Island Press, 1997.

[25] De Groot R, Brander L, Solomonides S. Ecosystem Services Valuation Database (ESVD) Update of global ecosystem service valuation data Final report (June 2020) [EB/OL]. (2020 – 06) [2022 – 03 – 08]. https://www.researchgate.net/publication/349214765Ecosystem Services Valuation Database ESVD Update of global ecosystem service valuation data Final report June 2020 Contributing Authors a Data coding/link/60254d52a6fdcc37a81d2f31/download.

[26] De Groot R S, Wilson M A, Boumans R M J. A typology for the classification, description and valuation of ecosystem functions, goods and services [J]. Ecological Economics, 2002, 41 (3): 393 – 408.

[27] De Groot R, Brander L, Van Der Ploeg S, et al. Global estimates of the value of ecosystems and their services in monetary units [J]. Ecosystem Services, 2012, 1 (1): 50 – 61.

[28] De Jong R, Edens B, Van Leeuwen N, et al. Ecosystem accounting Limburg Province, the Netherlands. Part I: Physical supply and condition accounts [EB/OL]. (2016 – 02) [2022 – 03 – 05]. https://www.researchgate.net/

publicat-ion/294086184_Ecosystem_accounting_Limburg_province_the_Nether-lands_Part_I_Physical_supply_and_condition_accounts.

［29］ Edens B, Hein L. Towards a consistent approach for ecosystem ac-counting ［J］. Ecological Economics, 2013, 90: 41 –52.

［30］ Eigenraam M, Chua J, Hasker J. Environmental-economic account-ing: Victorian experimental ecosystem account ［EB/OL］. (2013 – 03 – 27) ［2022 –03 –05］. https: //seea. un. org/sites/seea. un. org/files/10_9. pdf.

［31］ Fisher B, Turner K, Zylstra M, et al. Ecosystem services and eco-nomic theory: Integration for policy-relevant research ［J］. Ecological Applica-tions, 2008, 18 (8): 2050 –2067.

［32］ Fisher B, Turner R K. Ecosystem services: Classification for valuation ［J］. Biological Conservation, 2008, 141 (5): 1167 –1169.

［33］ Gao X. Wang J, Li C X, et al. Land use change simulation and spatial analysis of ecosystem service value in Shijiazhuang under multi-scenarios ［J］. Environmental Science and Pollution Research International, 2021, 28 (24): 31043 –31058.

［34］ Godden D. Valuing ecosystem services: A critical review ［C］ //2010 Conference (54th), February 10 – 12, 2010, Adelaide, Australia. Australian Agricultural and Resource Economics Society, 2010.

［35］ Grammatikopoulou I, Vačkářová D. The value of forest ecosystem serv-ices: A meta-analysis at the European scale and application to national ecosystem accounting ［J］. Ecosystem Services, 2021, 48: 101262.

［36］ Haines-Young R, Potschin M. Methodologies for defining and assessing ecosystem services ［EB/OL］. (2009 –08) ［2022 –03 –05］. http: //citeseerx. ist. psu. edu/viewdoc/download; jsessionid = 2387 D6BC7976FC7C72EA401E739 DAC80? doi =10. 1. 1. 403. 2560&rep = rep1 &type = pdf.

［37］ Haines-Young R, Potschin M. The links between biodiversity, ecosys-tem services and human well-being ［J］. Ecosystem Ecology, 2010.

［38］ Haines-Young R, Potschin M. Common international classification of ecosystem services (CICES, Version4. 3) ［EB/OL］. (2012 –08 –07) ［2022 – 08 – 21］. https: //cices. eu/content/uploads/sites/8/2012/07/CICES-V43 _ Re-vised-Final_Report_29012013. pdf.

［39］ Haines-Young R, Potschin M. Common international classification of ecosystem services ［EB/OL］. (2015 - 09) ［2022 - 03 - 05］. https：//ci-ces. eu/content/uploads/sites/8/2018/01/Guidance-V51 - 01012018. pdf.

［40］ Haines-Young R, Potschin M. Revision of the common international classification for ecosystem services (CICES V5. 1)：A policybrief ［J］. One Ecosystem, 2018, 3：e27108.

［41］ Haines-Young R, Potschin M. Common international classification of ecosystem services (CICES, V5. 1) Guidance on the application of the revised structure ［EB/OL］. (2018 - 01 - 08) ［2022 - 08 - 21］. https：//cices. eu/ content/uploads/sites/8/2018/01/Guidance-V51 - 01012018. pdf.

［42］ Harrison P A, Dunford R, Barton D N, et al. Selecting methods for ecosystem service assessment：A decision tree approach ［J］. Ecosystem Serv-ices, 2018, 29：481 - 498.

［43］ Hargrove E C. Weak anthropocentric intrinsic value ［J］. The Monist, 1992, 75 (2)：183 - 207.

［44］ Hein L, Koppen K V, De Groot R S, et al. Spatial scales, stake-holders and the valuation of ecosystem services ［J］. Ecological Economics, 2006, 57 (2)：209 - 228.

［45］ Hein L, Obst C, Edens B, et al. Progress and challenges in the de-velopment of ecosystem accounting as a tool to analyse ecosystem capital ［J］. Environmental Sustainability, 2015, 14：86 - 92.

［46］ Hein L, Bagstad K, Edens B, et al. Defining ecosystem assets for natural capital accounting ［J］. Blood, 2016, 11 (11)：1 - 25.

［47］ Hein L, Remme R P, Schenau S. Ecosystem accounting in the Neth-erlands ［J］. Ecosystem Services, 2020, 44：101 - 118.

［48］ Hermes J, Van Berkel D, Burkhard B, et al. Assessment and valua-tion of recreational ecosystem services of landscapes ［J］. Ecosystem Services, 2018, 31：289 - 295.

［49］ Heris M, Bagstad K J, Rhodes C, et al. Piloting urban ecosystem ac-counting for the United States ［J］. Ecosystem Services, 2021, 48.

［50］ Huggett A J. The concept and utility of 'ecological thresholds' in biodi-versity conservation ［J］. Biological Conservation, 2005, 124 (3)：301 - 310.

［51］ Huang L, He C L, Wang B. Study on the spatial changes concerning ecosystem services value in Lhasa River Basin, China ［J］. Environmental Science and Pollution Research International, 2022, 29（5）：7827－7843.

［52］ Horlings E, Hein L, Schenau S, et al. Monetary ecosystem services and asset account for the Netherlands ［R］. Report CBS and WUR, 2019.

［53］ IPBES（a）. Preliminary guide regarding diverse conceptualization of multiple values of nature and its benefits, including biodiversity and ecosystem functions and services ［EB/OL］.（2015－01）［2020－08－08］. https：// www. researchgate. net/publication/271529734.

［54］ IPBES（b）. Report of the plenary of the intergovernmental science-policy platform on biodiversity and ecosystem services on the work of its third session ［EB/OL］.（2015－01－12）［2022－03－05］. https：//ipbes. net/ sites/default/files/downloads/IPBES 3 18 EN. pdf.

［55］ IPBES. The global assessment report on biodiversity and ecosystem services：Summary for policymakers ［EB/OL］.（2019）［2020－09－21］. https：//ipbes. net/sites/default/files/2020－02/ipbes_global_assessment_report_ summary_for_policymakers_en. pdf.

［56］ Jónsson J Ö G, Davíðsdóttir B. Classification and valuation of soil ecosystem services ［J］. Agricultural Systems, 2016, 145：24－38.

［57］ Johnston R J, Thomassin P J. Evaluating the environmental valuation reference inventory（evri）：Results from a survey of actual and potential users ［J］. Association of Environmental and Resource Economists Newsletter, 2009, 29（1）：33－38.

［58］ Johnston R J, Russell M. An operational structure for clarity in ecosystem service values ［J］. Ecological Economics, 2011, 70（12）：2243－2249.

［59］ Kerr G. A New Zealand perspective on value transfer ［C］//Conference oral presentation of the 55th AARES Annual Conference. Melbourne, Victoria, 2011.

［60］ Landers D H, Nahlik A M. Final Ecosystem goods and services classification system（FEGS-CS）［EB/OL］.（2013－08）［2022－03－05］. https：//cfpub. epa. gov/si/si _ public _ record _ Report. cfm? Dir EntryId ＝ 350613&Lab ＝CEMM.

[61] La Notte A, D'Amato D, Mäkinen H, et al. Ecosystem services classification: A systems ecology perspective of the cascade framework [J]. Ecological Indicators, 2017, 74: 392 – 402.

[62] Liu D, Tang R, Xie J, et al. Valuation of ecosystem services of rice-fish coculture systems in Ruyuan County, China [J]. Ecosystem Services, 2020, 41: 101054.

[63] La Notte A, Maes J, Dalmazzone S, et al. Physical and monetary ecosystem service accounts for Europe: A case study for in-stream nitrogen retention [J]. Ecosystem Services, 2017, 23: 18 – 29.

[64] Li N, Wang J Y, Wang H Y, et al. Impacts of land use change on ecosystem service value in Lijiang River Basin, China [J]. Environmental Science and Pollution Research International, 2021, 28 (34): 46100 – 46115.

[65] Maes J, Teller A, Erhard M, et al. Mapping and assessment of ecosystems and their services [J]. Nagasaki University, 2013, 5: 1 – 58.

[66] Maes J, Teller A, Erhard M, et al. Mapping and assessment of ecosystems and their services: An analytical framework for mapping and assessment of ecosystem condition in EU [M]. Luxembourg: Publications Office of the European Union, 2018.

[67] Mayer M, Woltering M. Assessing and valuing the recreational ecosystem services of Germany's national parks using travel cost models [J]. Ecosystem Services, 2018, 31: 371 – 386.

[68] Marre J B, Thebaud O, Pascoe S, et al. Is economic valuation of ecosystem services useful to decision-makers? Lessons learned from Australian coastal and marine management [J]. Journal of Environmental Management, 2016, 178: 52 – 62.

[69] Millennium Ecosystem Assessment (MA). Ecosystems and human well-being: A framework for assessment [M]. Washington DC: Island Press, 2003.

[70] Millennium Ecosystem Assessment (MA). Ecosystems and Human Well-being: Synthesis [M]. Washington DC: Island Press, 2005.

[71] McConnell K E, Bockstael N E. Valuing the environment as a factor of production [J]. Handbook of Environmental Economics, 2005, 2: 621 – 669.

[72] Müller A, Olschewski R, Unterberger C, et al. The valuation of forest ecosystem services as a tool for management planning—A choice experiment [J]. Journal of Environmental Management, 2020, 271: 111008.

[73] Mononen L, Auvinen A P, Ahokumpu A L, et al. National ecosystem service indicators: Measures of social-ecological sustainability [J]. Ecological Indicators, 2016, 61: 27 –37.

[74] Obst C, Hein L, Edens B. National accounting and the valuation of ecosystem assets and their services [J]. Environmental and Resource Economics, 2016, 64 (1): 1 –23.

[75] Office for National Statistics (ONS). Principles of Natural Capital Accounting [EB/OL]. (2017 – 02 – 24) [2020 – 08 – 08]. https: //www. ons. gov. uk/economy/environmentalaccounts/methodologies/principlesof natural-capitalaccounting.

[76] Pascual U, Balvanera P, Díaz S, et al. Valuing nature's contributions to people: The IPBES approach [J]. Current Opinion in Environmental Sustainability, 2017, 26: 7 –16.

[77] Pendleton L, Atiyah P, Moorthy A. Is the non-market literature adequate to support coastal and marine management? [J]. Ocean & Coastal Management, 2007, 50 (5 –6): 363 –378.

[78] Plantier-Santos C, Carollo C, Yoskowitz D W. Gulf of Mexico ecosystem service valuation database (GecoServ): Gathering ecosystem services valuation studies to promote their inclusion in the decision-making process [J]. Marine Policy, 2012, 36 (1): 214 –217.

[79] Rao N S, Ghermandi A, Portela R, et al. Global values of coastal ecosystem services: A spatial economic analysis of shoreline protection values [J]. Ecosystem Services, 2015, 11: 95 –105.

[80] Remme R P, Edens B, Schröter M, et al. Monetary accounting of ecosystem services: A test case for Limburg province, the Netherlands [J]. Ecological Economics, 2015, 112: 116 –128.

[81] Remme R, Hein L. Ecosystem accounting Limburg province, the Netherlands. Part II: Monetary supply and use accounts [EB/OL]. (2016 –02) [2022 – 03 – 05]. https: //www. researchgate. net/publication /294086261 _

Ecosystem_acc-ounting_Limburg_province_the_Netherlands_Part_II_Monetary_
supply_and_use_accounts.

[82] Ruckelshaus M H, Jackson S T, Mooney H A, et al. The IPBES global assessment: Pathways to action [J]. Trends in Ecology & Evolution, 2020, 35 (5): 407 – 414.

[83] Rosenberger R S, Johnston R J. Selection effects in meta-analysis and benefit transfer: Avoiding unintended consequences [J]. Land Economics, 2009, 85 (3): 410 – 428.

[84] Rosenberger R S, Stanley T D. Measurement, generalization, and publication: Sources of error in benefit transfers and their management [J]. Ecological Economics, 2006, 60 (2): 372 – 378.

[85] Sumarga E, Hein L, Edens B, et al. Mapping monetary values of ecosystem services in support of developing ecosystem accounts [J]. Ecosystem Services, 2015, 12: 71 – 83.

[86] Turner R K, Paavola J, Cooper P, et al. Valuing nature: Lessons learned and future research directions [J]. Ecological Economics, 2003, 46 (3): 493 – 510.

[87] TEEB (a). The economics of ecosystems and biodiversity ecological and economic foundations. [M]. Earthscan: London and Washington, 2010.

[88] TEEB (b). The economics of ecosystems and biodiversity: Mainstreaming the economics of nature: A synthesis of the approach, conclusions and recommendations of TEEB [M]. Malta: Progress Press, 2010.

[89] Tanner M K, Moity N, Costa M T, et al. Mangroves in the Galapagos: Ecosystem services and their valuation [J]. Ecological Economics, 2019, 160: 12 – 24.

[90] United Nations. Technical Recommendations in support of the system of environmental-economic accounting 2012: Experimental ecosystem accounting [M]. New York: United Nations, 2019.

[91] United Nations, European Commission, Organization for Economic Cooperation and Development. System of national accounts 2008 [M]. New York: United Nations, 2009.

[92] United Nations. Technical recommendations in support of the system of

environmental-economic accounting 2012: Experimental ecosystem accounting [M]. New York: United Nations, 2019.

[93] United States Environmental Protection Agency (2015). National ecosystem services classification system (NESCS): Framework design and policy application [EB/OL]. (2015 – 09) [2022 – 03 – 05]. https://19january2017 snapshot. epa. gov/sites/production/files/2015 – 12/documents/110915 _ nescs _ final_re port_ – _compliant_1. pdf.

[94] United Nations, European Commission, Food and Agriculture Organization, et al (a). System of environmental-economic accounting 2012: Central framework [M]. New York: United Nations, 2014.

[95] United Nations, European Commission, Food and Agriculture Organization, et al (b). System of environmental-economic accounting 2012: Experimental ecosystem accounting [M]. New York: United Nations, 2014.

[96] United Nations. System of environmental-economic accounting: Ecosystem accounting [EB/OL]. (2021 – 09 – 29) [2022 – 03 – 05]. https:// seea. un. org/sites/seea. un. org/files/documents/EA/seea_ea_white_cover_final. pdf.

[97] United States Environmental Protection Agency. National Ecosystem Services Classification System (NESCS): Framework Design and Policy Application [M]. United States Environmental Protection Agency, Washington DC.

[98] Vardon M, Keith H, Lindenmayer D. Accounting and valuing the ecosystem services related to water supply in the Central Highlands of Victoria, Australia [J]. Ecosystem Services, 2019, 39: 101004.

[99] Van de Laar A. Ecosystems and human well-being: A report of the conceptual framework working group of the millennium ecosystem assessment [J]. Development and Change, 2004, 35 (3): 619 – 620.

[100] Vegh T, Jungwiwattanaporn M, Pendleton L, et al. Mangrove ecosystem services valuation: State of the literature [J]. NI WP, 2014: 14 – 06.

[101] Vačkář D, Grammatikopoulou I, Daněk J, et al. Methodological aspects of ecosystem service valuation at the nationallevel [J]. One Ecosystem, 2018, 3: e25508.

[102] Villa F, Bagstad K J, Voigt B, et al. A methodology for adaptable

and robust ecosystem services assessment ［J］. Plos One, 2014, 9 (3): e91001.

［103］ Wallace K J. Classification of ecosystem services: Problems and solutions ［J］. Biological Conservation, 2007, 139 (3 – 4): 235 – 246.

［104］ Zhang X Q, He S Y, Yang Y. Evaluation of wetland ecosystem services value of the yellow river delta ［J］. Environmental Monitoring and Assessment, 2021, 193 (6): 1 – 10.

［105］ Zhang D, Stenger A. Value and valuation of forest ecosystem services ［J］. Journal of Environmental Economics and Policy, 2015, 4 (2): 129 – 140.